普通高等教育通识课系列教材

大学计算机基础学习指导

主　编　黄梅红　林秋虾

王　颖　王华伟

U0379024

西安电子科技大学出版社

内 容 简 介

　　本书是为高等学校非计算机专业编写的计算机基础学习指导书，主要为了配合《大学计算机基础教程（第二版）》（林秋虾等主编，西安电子科技大学出版社出版）的实验教学和适应全国计算机等级考试（一级）要求而编写。本书内容选材合理，符合大学计算机基础教学的辅助要求。本书的章节顺序与《大学计算机基础教程（第二版）》保持一致，每章内容由学习要求、典型例题精讲和习题构成，部分章节还有实验操作。

　　本书语言精练、重点突出，在注重系统性和科学性的基础上，突出了实用性及操作性。本书可作为普通高等学校非计算机专业学生计算机基础课程的学习指导书，也可作为计算机培训班的培训教材。

图书在版编目(CIP)数据

大学计算机基础学习指导/ 黄梅红等主编. —西安：西安电子科技大学出版社，2021.8
ISBN 978-7-5606-6156-8

Ⅰ. ①大… Ⅱ. ①黄… Ⅲ. ① 电子计算机—高等学校—教学参考资料 Ⅳ. ① TP3

中国版本图书馆 CIP 数据核字(2021)第 155165 号

策划编辑　刘小莉
责任编辑　黄 菡　刘小莉
出版发行　西安电子科技大学出版社(西安市太白南路 2 号)
电　　话　(029)88202421　88201467　　　　邮　　编　710071
网　　址　www.xduph.com　　　　　　　　电子邮箱　xdupfxb001@163.com
经　　销　新华书店
印刷单位　咸阳华盛印务有限责任公司
版　　次　2021 年 8 月第 1 版　　2021 年 8 月第 1 次印刷
开　　本　787 毫米×1092 毫米　1/16　印张 12.5
字　　数　295 千字
印　　数　1～2000 册
定　　价　30.00 元
ISBN　978-7-5606-6156-8 / TP

XDUP 6458001-1

如有印装问题可调换

前　言

本书是《大学计算机基础教程(第二版)》(林秋虾等主编，西安电子科技大学出版社出版)的配套学习指导书。本书在内容安排上体现循序渐进、承前启后的知识和技能结构，力求使学生掌握计算机操作的基本知识和技能。本书在编写风格上追求语言准确、言简意赅。

本书的章节顺序与《大学计算机基础教程(第二版)》保持一致，内容涵盖了相应各章的知识与技能。各章按照"学习要求""典型例题精讲""习题"的模式组织编写，部分章节还有"实验操作"。"学习要求"旨在为学生指明方向，明确哪些是全国计算机等级考试(一级)的重难点，有利于学生有针对性地掌握相应知识。"典型例题精讲"对重要知识点以题目结合解析的形式编写，是对教材内容的补充和完善。"实验操作"精心安排和组织以实践为中心的实验内容，并附有具体的实验操作步骤，通过具有指导性的实践环节，让学生快速掌握计算机操作的基本知识和技能，并在此基础上提高动手实践能力。"习题"根据章节的知识要点精心设计，旨在培养学生解决问题的能力。同时，本书附录部分还提供了模拟题，这些题借鉴了全国计算机等级考试真题，供学生课后练习使用。

本书第 1 章、第 5 章由厦门工学院的黄梅红老师撰写，第 2 章、第 3 章由厦门工学院的林秋虾老师撰写，第 4 章、第 7 章由厦门大学嘉庚学院的王华伟老师撰写，第 6 章、第 8 章由厦门工学院的王颖老师撰写。全书由黄梅红老师负责统稿。

在本书的编写过程中，林秋虾老师提供了第 3、4、5 章实验和习题的思政主题与素材；同时，《大学计算机基础教程(第二版)》教材组的林燕芬老师、林丁报老师、黎佳老师都给予了很大的帮助，在此一并表示感谢。

由于编者水平有限，书中难免存在欠妥之处，恳请同行和广大读者批评指正，以便今后再版时进一步完善。

编　者
2021 年 5 月

目　录

第1章　计算机基础知识

1.1　学习要求

(1) 了解信息、信息技术与信息科学等相关术语。
(2) 熟悉计算机的发展、特点与应用领域。
(3) 熟悉计算机的分类及新技术。
(4) 熟悉未来计算机的发展趋势。
(5) 掌握计算机的进制及转换。
(6) 掌握计算机中数据的表示、存储与处理。
(7) 熟悉计算机的概念及分类。
(8) 熟悉计算机的硬件系统和软件系统。

1.2　典型例题精讲

例 1-1　世界上第一台电子计算机诞生于(　　)年。
A. 1956　　　　　　B. 1935　　　　　　C. 1946　　　　　　D. 1945
【解析】此题主要考查有关计算机发展的知识。

世界上第一台电子计算机诞生于 1946 年,其名称为 ENIAC。在 ENIAC 的研制过程中,美籍匈牙利数学家冯·诺依曼提出了两个重要的改进意见,即采用二进制和存储程序控制的概念,他被誉为"计算机之父"。

相关知识:

我国第一台电子计算机诞生于 1958 年;我国第一台亿次巨型电子计算机诞生于 1983 年,其名称是"银河-Ⅰ"。

【答案】C

例 1-2　用中小规模集成电路作为元器件制成的计算机属于(　　)计算机。
A. 第一代　　　　　　B. 第二代　　　　　　C. 第三代　　　　　D. 第四代
【解析】计算机的发展经历了四个阶段:

第一代计算机(1946—1957 年)是电子管计算机;第二代计算机(1958—1964 年)是晶体管计算机,主要采用晶体管作为基本元器件;第三代计算机(1965—1972 年)是集成电路计算机,主要元器件是半导体、小规模集成电路;第四代计算机(1972 年至今)是大规模和超大规模集成电路计算机。

【答案】C

例 1-3 计算机的特点是运算速度快、计算精确度高、准确的逻辑判断能力、自动化程度高以及(   )。

A. 体积小巧 　　　　　　　　　　B. 造价低

C. 具有网络和通信功能 　　　　　D. 可以大规模生产

【解析】计算机具有以下特点：高速且精确的运算能力、准确的逻辑判断能力、强大的存储能力、自动化程度高、具有网络与通信功能。计算机网络的重要意义在于，它改变了人类交流的方式和获取信息的途径。

【答案】C

例 1-4 计算机辅助教学的简称是(   )。

A. CAD 　　　　B. CAT 　　　　C. CAM 　　　　D. CAI

【解析】计算机辅助技术(Computer Aided Technology)是指以计算机为工具，辅助人在特定应用领域内完成任务的理论、方法和技术，它包括计算机辅助设计(Computer Aided Design，CAD)、计算机辅助制造(Computer Aided Manufacturing，CAM)、计算机辅助教学(Computer Aided Instruction，CAI)、计算机辅助测试/翻译/排版(Computer Aided Test/Translation/Typesetting，CAT)等。

【答案】D

例 1-5 机器人是计算机在(   )方面的应用。

A. 科学计算 　　　　　　　　　　B. 实时控制

C. 人工智能 　　　　　　　　　　D. 计算机辅助系统

【解析】机器人是计算机在人工智能方面的典型应用。机器人的核心是计算机。第一代机器人是示教再现型机器人；第二代机器人是带传感器的机器人，能够反馈外界信息；第三代机器人是智能机器人。近年来典型的代表就是阿尔法围棋(AlphaGo)，它是第一个击败人类职业围棋选手、第一个战胜围棋世界冠军的人工智能机器人。

【答案】C

例 1-6 计算机按处理数据的类型，可分为(   )。

A. 通用计算机和专用计算机 　　　B. 巨型机和微型机

C. 工作站和服务器 　　　　　　　D. 模拟计算机、数字计算机和混合计算机

【解析】随着计算机技术和应用的发展，可以按照不同的方法对计算机进行分类。

计算机按处理数据的类型，可分为模拟计算机、数字计算机和混合计算机；

计算机按用途，可分为通用计算机和专用计算机；

计算机按性能、规模和处理能力，可分为巨型机、大型机、微型机、工作站、服务器等。

【答案】D

例 1-7 网格计算是专门针对复杂科学计算的新型计算模式。下述不属于网格计算特点的是(   )。

A. 基于国际开发技术标准

B. 提供动态服务，能够适应变化

C. 每个结点各自定义标准，独立工作

D. 提供资源共享，实现应用程序的互联互通

【解析】网格计算是指利用因特网把分散在不同地点的计算机组织成一个"虚拟的超级计算机"。"虚拟的超级计算机"有两个优势：一是数据处理能力强；二是能充分利用网上闲置的处理能力。网格计算的特点有：提供资源共享，实现应用程序的互联互通；协同工作；基于国际开发技术标准；网格可以提供动态服务，能够适应变化。

【答案】C

例 1-8　计算机未来的发展方向为(　　)。

①多线程　　　②网络化　　　③多媒体　　　④智能化

A. ②③④　　　　B. ①②③④　　　　C. ①③④　　　　D. ③④

【解析】从类型上看，计算机技术正在向巨型化、微型化、网络化和智能化方向发展；利用纳米技术、光技术、生物技术和量子技术等研究新一代计算机成为世界各国研究的焦点。

【答案】B

例 1-9　美国科学家维纳在信息科学发展史上的主要贡献是提出了(　　)。

A. 信息论　　　　B. 控制论　　　　C. 逻辑代数　　　　D. 可计算理论

【解析】20 世纪 40 年代末，美国数学家香农创立了狭义信息论；控制论是由美国科学家维纳提出的；逻辑代数是由英国科学家乔治·布尔创立的，也称为布尔代数；可计算理论是理论计算机科学，创立于 20 世纪 30 年代，英国科学家图灵发明的"图灵机"是可计算理论的主要计算模型。

【答案】B

例 1-10　一般来说，现代信息技术包含 3 个层次的内容，即信息基础技术、信息系统技术和信息应用技术。下述技术中，不属于信息基础技术的是(　　)。

A. 新材料　　　　B. 新能源　　　　C. 新器件开发与制造　　　　D. 人工智能

【解析】信息基础技术包括新材料、新能源、新器件的开发和制造技术；信息系统技术是指有关信息的获取、传输、处理、控制的设备和系统的技术；信息应用技术是针对种种实用目的而发展起来的具体的技术群类。

【答案】D

例 1-11　下列 4 个不同进制的数中，最小的数是(　　)。

A. 247O　　　　B. 169　　　　C. 10101000B　　　　D. A6H

【解析】首先，要把这四种不同进制的数转换成同一种进制数才能进行比较。此例中，可统一转换为十进制数进行比较。

二(八、十六)进制数转换为十进制数的规则：将二(八、十六)进制数的各位按权展开相加。

$(247)_8 = 7 \times 8^0 + 4 \times 8^1 + 2 \times 8^2 = 167$

$(10101000)_2 = 0 \times 2^0 + 0 \times 2^1 + 0 \times 2^2 + 1 \times 2^3 + 0 \times 2^4 + 1 \times 2^5 + 0 \times 2^6 + 1 \times 2^7 = 168$

$(A6)_{16} = 6 \times 16^0 + 10 \times 16^1 = 166$

注意：

"B"表示的是二进制数的后缀；"O"表示的是八进制数的后缀；"H"表示的是十六进制数的后缀。

【答案】D

例 1-12　下列数中，(　　)与十进制数 100.25 不等。

A. 1100100.01B　　　　　B. 64.4H　　　　　　C. 1100101.01B　　　　　D. 144.2O

【解析】这其实是把十进制数转换成等值的二(八、十六)进制数的问题。

方法 1：带有小数的十进制数转换成等值的二(八、十六)进制数，可按如下规则进行转换：

① 整数部分：按"除以 2(8，16)取余，直至商为 0，结果从下往上"的原则把十进制数 100 转换成等值的二(八、十六)进制整数；

② 小数部分：按"乘以 2(8，16)取整，直至小数为 0，结果从上往下"的原则把十进制数小数 0.25 转换成等值的二(八、十六)进制小数；

③ 最后把这两部分合并起来进行比较。

该方法的缺点是转换算式要写很长。

方法 2：先把十进制数 100.25 按如下方式转换成等值的二进制数：

$$100.25 = B_6 2^6 + B_5 2^5 + B_4 2^4 + B_3 2^3 + B_2 2^2 + B_1 2^1 + B_0 2^0 + B_{-1} 2^{-1} + B_{-2} 2^{-2}$$
$$= 64 + 32 + 4 + 0.25$$

即 $B_6 = 1$，$B_5 = 1$，$B_4 = 0$，$B_3 = 0$，$B_2 = 1$，$B_1 = 0$，$B_0 = 0$，$B_{-1} = 0$，$B_{-2} = 1$，所以 100.25 等值的二进制数是 1100100.01B。

再把二进制数 1100100.01 按如下方式转换成等值的八进制数：

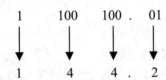

所以，100.25 等值的八进制数是 144.2O。

再把二进制数 1100100.01 按如下方式转换成等值的十六进制数：

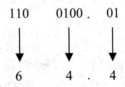

所以，100.25 等值的十六进制数是 64.4H。

【答案】C

例 1-13　字长为 8 位的二进制补码可表示整数的范围是(　　)。

A. 0～128(16 位无符号)　　　　　　B. −128～127

C. −128～128　　　　　　　　　　　D. −128～127 或 0～127

【解析】在 8 位二进制数中，最高位是符号位(即"0"表示正号，"1"表示负号)，其余 7 位表示数值的大小，这就是机器的原码。8 位原码能表示数值的范围为(−127～0，0～+127)。

在计算机中，不能用机器数的原码进行加减运算，比如：

$$(1)_{10} - (1)_{10} = (1)_{10} + (-1)_{10} = (0)_{10}$$

①

假如用原码计算，则

$$(00000001)_原 + (10000001)_原 = (10000010)_原 = (-2)_{10}$$

与①式结果不符，显然不对，因此，在计算机中不能用机器数的原码进行加减运算。

对除符号位外的其余各位按位取反，则产生了反码。其中，正数的原码与反码相同。对上述的①式采用反码计算，则

$$(00000001)_反 + (11111110)_反 = (11111111)_反$$

将反码运算结果$(11111111)_反$取反，得$(10000000)=(-0)$，结果错误。

但是，对于其他式子，如：

$$(1)_{10} - (2)_{10} = (1)_{10} + (-2)_{10} = (-1)_{10} \qquad\qquad ②$$

用反码计算：

$$(00000001)_反 + (11111101)_反 = (11111110)_反$$

把运算结果$(11111110)_反$再取反，得(10000001)，与②式运算结果一致。

所以，问题可能出在$(+0)$和(-0)上，于是引入了补码的概念。正数的原码、反码和补码相同，负数的补码是对反码加 1。

在补码中，用(-128)代替(-0)，即$(-128) = (10000000)$。所以，补码表示的范围为 $-128\sim$ 127。

对上述的①式用补码重新计算：

$$(00000001)_补 + (11111111)_补 = (00000000)_补 = (0)$$

结果正确(符号位也参与运算)。

对于上述的②式用补码重新计算：

$$(00000001)_补 + (11111110)_补 = (11111111)_补$$

对结果再求补，得$(10000001)=(-1)$，结果正确。

综上所述，补码不仅保证了运算结果正确，而且简化了运算规则。因此，8 位二进制补码表示有符号的定点整数的范围是 $-128\sim127$。一般来说，N 位二进制补码表示有符号整数的范围为 $-2^N\sim2^N-1$。

【答案】B

例 1-14　在计算机中，存储数据的最小单位是(　　　)。

A. 字　　　　　　　B. 字节　　　　　　　C. 位　　　　　　　D. Byte

【解析】字(Word)，一个字通常由若干个字节组成，计算机按字(Word)为单位存取信息；字节(Byte，简写为 B)，是计算机内部存储信息的基本单位；位(bit，简写为 b)，是计算机中存储数据的最小单位，1 个字节含有 8 个二进制位。此外，还有 KB、MB、GB、TB 等存储容量单位。

【相关知识】

各存储容量单位之间的换算关系是 1 Byte = 8 bit，1 KB = 2^{10} B = 1024 B，1 MB = 2^{10} KB = 1024 KB，1 GB = 2^{10} MB = 1024 MB，1 TB = 2^{10} GB = 1024 GB，1 PB = 2^{10} TB = 1024 TB。

【答案】C

例 1-15　下列字符中，ASCII 码值最大的是(　　　)。

A. A　　　　　　　B. 0　　　　　　　C. a　　　　　　　D. d

【解析】字符包括西文字符(包括字母、数字和各种符号)和中文字符。计算机中最常用的西文字符编码是 ASCII(American Standard Code for Information Interchange)码。ASCII 码有 7 位码和 8 位码两种版本。国际通用的是 7 位 ASCII 码，即用 7 位二进制数表示一个字符的编码。计算机内部用 1 个字节(8 个二进制位)存放一个 7 位 ASCII 码，最高位为 0。

ASCII 码表中共有 34 个非图形字符(即控制字符)，其余 94 个为可打印字符。在这些字符中，其编码具有一定的规律性。"a"字符的编码为 1100001，对应的十进制数是 97，"A"字符的编码为 1000001，对应的十进制数是 65，数字字符"0"的编码为 0110000，对应的十进制数是 48，即同一小写字母和大写字母字符编码之间相差 32，字母编码大于数字编码。

【答案】D

例 1-16 某汉字的区位码是 3027，它的国标码是(　　)。

A. 3E3BH   B. 1E1BH   C. 3F3BH   D. 3E3AH

【解析】区位码由 4 位十进制数字组成，前两位为区号，后两位为位号。区位码是一个 4 位十进制数，国标码是一个 4 位十六进制数。汉字的区位码和国标码之间的转换关系是：汉字的十进制区号和十进制位号分别转换成十六进制数，然后分别加上 20H，就成为汉字的国标码。

此题的计算方法如下：

第 1 步：将该汉字区位码 3027 的区号和位号分别转换成十六进制数，即$(1E1B)_H$。

第 2 步：将$(1E1B)_H$的区号和位号分别加上 20H，结果为 3E3BH，即为该汉字的国标码。

【答案】A

例 1-17 某汉字的内码是 C0A2H，它的国标码是(　　)。

A. 4022H   B. 3122H   C. 4122H   D. 4021H

【解析】汉字内码是计算机内部对汉字进行存储、处理的汉字编码。目前，一个汉字的内码用 2 个字节存储，并把每个字节的最高二进制位置"1"作为汉字内码的标识，以免与单字节的 ASCII 码产生歧义。

汉字的国标码和汉字内码的关系为：汉字内码 = 汉字的国标码 +$(8080)_H$。

根据上述关系，该汉字的国标码为：C0A2H − 8080H = 4022H。

【答案】A

例 1-18 存储 4075 个 16×16 点阵的汉字，大约需占存储空间是(　　)。

A. 256 KB   B. 128 KB   C. 1 M   D. 512 KB

【解析】汉字点阵字形的每个点占 1 位(bit，简写为 b)，而 1 个字节(Byte，简写为 B)等于 8 位，即 1 B＝8 b。所以，K 个 $M×N$ 点阵汉字占 $K×M×N/8$ B 的存储空间。

本示例所需的存储空间为 4075×16×16/8 = 130400 B = 127.34 KB，所以答案 B 为最佳。

【答案】B

例 1-19 运算器的主要功能是(　　)。

A. 保存各种指令信息供系统其他部件使用　　B. 分析指令并进行译码

C. 实现算术运算和逻辑运算　　　　　　　　D. 按主频指标规定发出时钟脉冲

【解析】运算器是计算机处理数据并形成信息的加工厂，其主要功能是对二进制数进行算术运算和逻辑运算。所谓算术运算，就是数的加、减、乘、除、乘方、开方等数学运算；逻辑运算则是指逻辑变量之间的运算，即通过与、或、非等基本操作对二进制数进行逻辑判断。

【答案】C

例 1-20　控制器主要由指令寄存器、指令译码器、程序计数器和(　　)4 个部件组成。

A. 操作控制器　　　　　B. 运算器　　　　　C. 时序部件　　　　　D. 存储部件

【解析】控制器主要由指令寄存器(Instruction Register，IR)、指令译码器(Instruction Decoder，ID)、程序计数器(Program Counter，PC)和操作控制器(Operation Controller，OC) 4 个部件组成。

【答案】A

例 1-21　CPU 主要由运算器和(　　)组成。

A. 内存储器(简称内存)　　　　　　　B. 存储器

C. 控制器　　　　　　　　　　　　　D. 编辑器

【解析】中央处理器(Central Processing Unit，CPU)又称微处理器，主要包括运算器和控制器两大部分，是计算机的核心部件。它和内存构成了计算机的主机。

【答案】C

例 1-22　微型计算机内存储器是(　　)。

A. 按字长编址　　　　　　　　　　　B. 按字节编址

C. 按二进制数编址　　　　　　　　　D. 根据微处理器不同而编址不同

【解析】内存储器为存取指定位置数据，将每位 8 位二进制位组成一个存储单元，即字节，并编上号码，称为地址。

【答案】B

例 1-23　只读存储器(ROM)和随机存储器(RAM)的主要区别是(　　)。

A. ROM 是内存储器，RAM 是外存储器

B. RAM 是内存储器，ROM 是外存储器

C. 断电后，ROM 的信息会保存，而 RAM 则不会

D. 断电后，RAM 的信息可以长时间保存，而 ROM 中的信息将丢失

【解析】内存储器按工作方式的不同，可以分为随机访问存储器(Random Access Memeory，RAM)和只读存储器(Read Only Memory，ROM)。

RAM 又称读/写存储器，其内容可以随时根据需要读出，也可以随时重新写入新的信息。RAM 在微型计算机(简称微机)中主要用来存放正在执行的程序和临时数据。当关机断电后，RAM 中保存的信息会全部丢失，具有易失性。

ROM 是一种只能读出而不能写入和修改的存储器，其存储的信息是在制作该存储器时就写入的。计算机断电后，ROM 中的信息不会丢失，因此常用来存放一些固定的程序、数据和系统软件等，如存储 BIOS 参数的 CMOS 芯片。

【答案】C

例 1-24　下列各存储器中，存取速度最快的是(　　)。

A. RAM　　　　　B. 虚拟内存　　　　　C. Cache　　　　　D. U 盘

【解析】由于 CPU 的运行速度比 RAM 高一个数量级，为了发挥 CPU 速度的潜力，

在 RAM 和 CPU 之间设置一种与 CPU 速度差不多的高速缓冲存储器 Cache。虚拟内存是为了解决 RAM 容量紧张的问题，在硬盘划出连续区间来充当内存使用的。外存中要处理的信息，必须先读入 RAM 才能被 CPU 处理。所以，本题几个存储器的速度为：Cache > RAM > 虚拟内存 > U 盘；容量一般是：硬盘 > U 盘 > RAM > Cache。

【答案】C

例 1-25 下列有关外存储器的描述中，不正确的是(　　)。

A. 外存储器既是输入设备，又是输出设备

B. 外存储器不能被 CPU 直接访问，必须通过内存才能被 CPU 使用

C. 外存储器中所存储的信息，断电后也会随之丢失

D. 扇区是磁盘存储信息的最小单位

【解析】外存储器中所存储的信息，断电后不会丢失，可存放需要永久保存的内容。

【答案】C

例 1-26 下述(　　)，既可作为输入设备，又可作为输出设备。

A. 显示器　　　　　B. 键盘　　　　　C. ROM　　　　　D. U 盘和硬盘

【解析】微机的输入、输出设备是针对 RAM 而言的。能把信息送入 RAM 的设备均为输入设备，能接收 RAM 信息的设备均为输出设备。

常见的输入设备有：键盘、鼠标、扫描仪、数码相机等；常见的输出设备有：显示器、打印机、绘图仪、音箱等；而 U 盘、硬盘、光盘记录机等既可作为输入设备，又可作为输出设备。

【答案】D

例 1-27 微型计算机的系统总线可以分为(　　)。

A. 内部总线、外部总线和通信总线　　　　B. 内部总线、通信总线和控制总线

C. 数据总线、地址总线和控制总线　　　　D. 内部总线、通信总线和数据总线

【解析】总线是计算机和各种功能部件之间传递信息的公共通道。

总线分为内部总线、系统总线和通信总线。内部总线是指芯片内部连接各元件的总线；系统总线是指连接计算机各部件的总线；通信总线是指计算机系统之间或计算机系统与其他系统之间进行通信的总线。

系统总线按照传递信息的功能不同，分为数据总线(Data Bus，DB)、地址总线(Address Bus，AB)和控制总线(Control Bus，CB)。

【答案】C

例 1-28 在微型计算机中，(　　)的位数决定了 CPU 可直接寻址的内存空间大小。

A. 地址总线　　　B. 控制总线　　　C. 通信总线　　　D. 数据总线

【解析】地址总线是专门用来传递地址信息的。地址总线的位数决定了 CPU 可直接寻址的内存空间大小。比如，80286 的地址总线只有 24 位，则 286 机允许的最大内存只能是 2^{24} B，即 16 MB。一般来说，若地址总线为 n 位，则可寻址空间为 2^n B。

【答案】A

例 1-29 有一个 32 KB 的存储区，用十六进制数对它的地址进行编码，则编号可从 0000H 到(　　)。

A. 8000H　　　　　B. 7FFFH　　　　　C. 7EEEH　　　　　D. 8FFFFH

【解析】内存按字节(Byte)进行编址，32 KB = 32×1024 B = 8×16³ B = 8000H。

设末地址为 x，则，末地址 − 首地址 + 1 = 8000H，即 x − 0000H + 1 = 8000H。所以末地址为 7FFFH。

【答案】B

例 1-30　下述不属于微型计算机主要性能指标的是(　　)。

A. 字长　　　　B. 主频　　　　C. 内存容量　　　　D. 软件数

【解析】评价计算机性能的指标有很多，通常从计算机的字长、时钟频率、运算速度、内存容量、数据输入/输出最高速率等方面来评价计算机的性能。

【答案】D

例 1-31　用 MIPS 为单位来衡量计算机的性能，MIPS 指的是计算机的(　　)。

A. 运算速度　　B. 传输速率　　C. 内存容量　　　D. 字长

【解析】

运算速度是指计算机每秒所能执行的指令条数，一般用 MIPS 为单位。

传输速率用 b/s 或 kb/s 来表示。

字长是 CPU 能够直接处理的二进制数据位数。常见的微机字长有 8 位、16 位和 32 位。

内存容量是指内存储器中能够存储信息的总字节数，一般以 KB、MB 为单位。

【答案】A

例 1-32　下列选项中，属于高级语言的是(　　)。

A. 汇编语言　　B. C 语言　　　C. 机器语言　　　　D. 以上都是

【解析】机器语言是直接用二进制代码表示的，能被计算机直接识别和执行的机器指令的集合；汇编语言是一种"符号化"的语言，使用指令助记符来代替机器指令的操作码。机器语言和汇编语言都是面向机器的语言，一般为低级语言。

高级语言是最接近人类自然语言和数学公式的程序设计语言，具有较高的可读性，可移植性强。常见的高级语言有 C、C++、JAVA、C#、Python 等。

【答案】B

例 1-33　以下都属于系统软件的是(　　)。

A. Oracle 和 Linux　　　　　　　B. DOS 和 Excel

C. Word 和 Linux　　　　　　　D. C++和 WPS

【解析】软件分为系统软件和应用软件，系统软件包括：操作系统、语言处理系统、数据库管理系统软件和实用程序。Oracle 是大型数据库管理系统软件；Linux 是操作系统软件。所以，A 选项的 Oracle 和 Linux 均属于系统软件，Excel、Word、WPS 均属于应用软件。

【答案】A

例 1-34　下列有关计算机的叙述，正确的是(　　)。

A. 硬盘的容量一般都比 CD-ROM 的小

B. 计算机的体积越大，其功能越强

C. 存储器具有记忆功能，故其中的信息任何时候都不会丢失

D. CPU 是中央处理器的简称

【解析】CD-ROM 光盘片的存储容量大约为 650 MB，而主流硬盘容量为 500 GB～

2 TB；计算机的体积和其功能没有必然的联系；存储器分为内存储器和外存储器，RAM(读/写存储器)在关机断电后，其保存的信息会全部丢失，具有易失性；故 A、B、C 选项均描述错误。中央处理器(Central Processing Unit, CPU)，是计算机系统的运算和控制核心，是处理信息、运行程序的最终执行单元。故正确选项为 D 选项。

【答案】D

1.3 习　　题

选择题

1. 1946 年，美国研制了第一台电子计算机，其英文缩写名为(　　)。

A. ENIAC　　　　B. EDVAC　　　　C. COVID-19　　　　D. MARK-Ⅱ

2. 在 ENIAC 的研制过程中，由美籍匈牙利数学家(　　)总结并提出了非常重要的改进意见。

A. 摩尔　　　　B. 图灵　　　　C. 冯·诺依曼　　　　D. 布尔

3. 香农是(　　)的创始人。

A. 图灵机　　　　　　　　　　B. 存储程序原理

C. 现代计算机理论　　　　　　D. 信息论

4. 冯·诺依曼提出的计算机工作原理，其核心内容是(　　)。

A. 采用大规模集成电路　　　　B. 存储程序，顺序控制

C. 存储器按性能分级管理以提高效率　　　D. 用高级程序设计语言编写应用程序

5. 第四代电子计算机使用的电子元件是(　　)。

A. 晶体管　　　　　　　　　　B. 中小规模集成电路

C. 电子管　　　　　　　　　　D. 大规模和超大规模集成电路

6. 计算机具有强大的功能，但它不能够(　　)。

A. 对事件作出决策分析　　　　B. 高速准确地进行逻辑运算

C. 具有网络和通信功能　　　　D. 取代人类的智力活动

7. CAM 的全称是(　　)。

A. 计算机辅助设计　　　　　　B. 计算机辅助制造

C. 计算机辅助教学　　　　　　D. 计算机辅助测试

8. 计算机在教育领域中的应用 CAI，其全称是(　　)。

A. 计算机辅助技术　　　　　　B. 计算机辅助教学

C. 计算机辅助设计　　　　　　D. 计算机仿真技术

9. 天气预报能为我们的生活提供良好的帮助，它是计算机在(　　)方面的应用。

A. 过程控制　　　　　　　　　B. 数据/信息处理

C. 科学计算　　　　　　　　　D. 人工智能

10. 目前各部门广泛使用的人事档案管理、财务管理等软件属于计算机(　　)方面的应用。

A. 科学计算　　　B. 过程控制　　　C. 数据/信息处理　　　D. 人工智能

11. "64 位微型计算机"中的 64 指的是(　　)。

A. 机器字长　　　B. 内存容量　　　　　C. 微型计算机型号　　　　D. 存储单位

12. 按照(　　)来分，可将计算机分为 286、386、486、Pentium。

A. CPU 芯片　　　　B. 结构　　　　C. 字长　　　　D. 容量

13. 国际上对计算机进行分类的依据是(　　)。

A. 计算机的型号　　　　　　　　　B. 计算机的速度

C. 计算机的性能　　　　　　　　　D. 计算机生产厂家

14. 巨型机指的是(　　)的计算机。

A. 体积大　　　B. 重量大　　　C. 功能强　　　D. 耗电量大

15. 云计算是基于互联网的相关服务的增加、使用和交付模式。下述不属于云计算的特点的是(　　)。

A. 虚拟化　　　B. 高可扩展性　　　C. 无偿提供　　　D. 性价比高

16. 下列(　　)是与信息技术无关的技术。

A. 控制技术　　　B. 感测技术　　　C. 算法技术　　　D. 通信技术

17. 下列关于信息科学的描述中，不正确的是(　　)。

A. 信息科学的主要目标是扩展人类的信息功能

B. 信息和控制是信息科学的基础和核心

C. 信息科学以信息为主要研究对象

D. 信息科学以美国数学家维纳创立的控制论为理论基础

18. 信息素养主要包括知识层面、(　　)和技术层面。

A. 管理层面　　　B. 意识层面　　　C. 环境层面　　　D. 数据层面

19. 现代信息技术的发展趋势可以概括为数字化、多媒体化、宽频化和(　　)。

A. 智能化　　　B. 巨型化　　　C. 网格化　　　D. 微型化

20. 以下关于信息的描述中，错误的是(　　)。

A. 信息是具有含义的符号或消息，数据是计算机内信息的载体

B. 信息是用数据作为载体来描述和表示的客观现象

C. 信息可以用数值、文字、声音、图形、影像等多种形式表示

D. 信息就是数据，信息经过加工处理后称为数据

21. 计算机中所有信息的存储都采用(　　)。

A. 二进制　　　B. 八进制　　　C. 十进制　　　D. 十六进制

22. 计算机中用来表示存储空间大小的最基本单位是(　　)。

A. Baud　　　B. bit　　　C. Byte　　　D. Word

23. 在微机中，1 MB 等于(　　)。

A. 1024 × 1024 个字　　　　　　B. 1024 × 1024 个字节

C. 1000 × 1000 个字节　　　　　D. 1000 × 1000 个字

24. 在计算机存储器中，一个字节由(　　)位二进制位组成。

A. 4　　　B. 8　　　C. 16　　　D. 32

25. 设某微机的机器字长为 64 位，则一个字等于(　　)个字节。

A. 8　　　B. 4　　　C. 12　　　D. 16

26. 微机中 1K 字节表示的二进制位数为(　　)。

A. 8 × 1000　　　　B. 1000　　　　C. 1024　　　　D. 8 ×1024

27. 下列关于字节的叙述中，正确的是(　　)。

A. 字节通常用英文单词 bit 来表示，有时也可以写成 b

B. 目前广泛使用的 Pentium 机，其字长为 5 个字节

C. 计算机中将 8 个相邻的二进制位作为一个单位，这种单位称为字节

D. 计算机的字长并不一定是字节的整数倍

28. 十进制整数 100 转换为二进制数是(　　)。

A. 1100010　　　B. 1101001　　　C. 1100100　　　D. 1110100

29. 与二进制数 1010.101 等值的十进制数是(　　)。

A. 11.33　　　　B. 10.625　　　　C. 12.755　　　　D. 16.75

30. 与十进制数 2759 等值的十六进制数为(　　)。

A. AC7　　　　B. 1013　　　　C. AB7　　　　D. BC6

31. 与十六进制数 AC 等值的十进制数是(　　)。

A. 173　　　　B. 172　　　　C. 171　　　　D. 170

32. 二进制数 1111101011011 转换成十六进制数是(　　)。

A. 1F5B　　　　B. D7SD　　　　C. 2FH3　　　　D. 2AFH

33. 与二进制数 101.01 等值的十六进制数是(　　)。

A. B.1　　　　B. 5.4　　　　C. A.2　　　　D. 5.1

34. 下列 4 个不同进制表示的数中，最大的数是(　　)。

A. 100000110B　　B. 411O　　　C. 263　　　　D. 108H

35. 有一个数是 124，它与十六进制数 54 相等，那么该数数制是(　　)。

A. 八进制　　　B. 十进制　　　C. 五进制　　　D. 二进制

36. 将二进制数 10111001 和 10001011 相加的结果是(　　)。

A. 101000101　　B. 101000100　　C. 111000100　　D. 101100100

37. 将二进制数 11001001 和 10101 相减的结果是(　　)。

A. 10100100　　B. 10100010　　C. 10110100　　D. 10110110

38. 将二进制数 1011 和 1010 相乘的结果是(　　)。

A. 110111　　　B. 1101100　　　C. 1101110　　　D. 1001110

39. 将二进制数 101101 和 1001 相除的结果是(　　)。

A. 10　　　　B. 11　　　　C. 01　　　　D. 110

40. 将二进制数 1110 和 0101 进行"与"逻辑运算，结果为(　　)。

A. 0101　　　　B. 0011　　　　C. 1110　　　　D. 0100

41. 将二进制数 1011 和 1100 进行"或"逻辑运算，结果为(　　)。

A. 1011　　　　B. 1111　　　　C. 1100　　　　D. 1110

42. 将二进制数 1010 和 1001 进行"异或"逻辑运算，结果为(　　)。

A. 1011　　　　B. 0011　　　　C. 1111　　　　D. 1000

43. 字长为 8 位的计算机中，十进制数 −73 的原码表示是(　　)。

A. 11001101　　B. 01001001　　C. 11001001　　D. 11011001

44. 字长为 8 位的计算机中，十进制数 −73 的反码表示是(　　)。
　　A. 00110110　　　B. 10110110　　　C. 11001001　　　D. 11110110

45. 字长为 8 位的计算机中，十进制数 −73 的补码表示是(　　)。
　　A. 00110110　　　B. 11001001　　　C. 10110111　　　D. 10110111

46. 字长为 7 位的无符号二进制整数能够表示的十进制整数的数值范围是(　　)。
　　A. −128～127　　B. 0～127　　　C. 0～128　　　D. −128～128

47. 16 位二进制数可表示整数的范围是(　　)。
　　A. 0～65 535(16 位无符号)　　　　B. −32 768～32 767
　　C. −32 768～32 768　　　　　　　D. −32 768～32 767 或 0～65 535

48. 若在一个非零无符号二进制整数右边加两个零，则新数的值是原数值的(　　)。
　　A. 2 倍　　　　　B. 4 倍　　　　　C. 1/4　　　　　D. 1/2

49. ASCII 码其实就是(　　)。
　　A. 美国标准信息交换码　　　　　　B. 国际标准信息交换码
　　C. 欧洲标准信息交换码　　　　　　D. 以上都不是

50. 标准 ASCII 码用 7 位二进制位表示一个字符的编码，那么 ASCII 码字符集共有(　　)个不同的编码。
　　A. 127　　　　　B. 128　　　　　C. 256　　　　　D. 255

51. 在 7 位 ASCII 码中，除了表示数字、英文大小写字母外，还有(　　)个字符。
　　A. 63　　　　　B. 66　　　　　C. 80　　　　　D. 32

52. 对于 ASCII 码在机器中的表示，下列说法正确的是(　　)。
　　A. 使用 8 位二进制代码，最右边一位是 0
　　B. 使用 8 位二进制代码，最右边一位是 1
　　C. 使用 8 位二进制代码，最左边一位是 0
　　D. 使用 8 位二进制代码，最左边一位是 1

53. 在 ASCII 码表中，按照 ASCII 码值从小到大排列顺序是(　　)。
　　A. 数字、英文大写字母、英文小写字母
　　B. 数字、英文小写字母、英文大写字母
　　C. 英文大写字母、英文小写字母、数字
　　D. 英文小写字母、英文大写字母、数字

54. 下列字符中，其 ASCII 码值最大的是(　　)。
　　A. 7　　　　　B. p　　　　　C. K　　　　　D. 5

55. 已知"A"的 ASCII 码的十进制值是 65，则下面(　　)不是"B"的 ASCII 码的值。
　　A. 01000010B　　B. 66　　　　　C. 01000001B　　　D. 42H

56. 某汉字的区位码是 2534，它的国际码是(　　)。
　　A. 4563H　　　　B. 3942H　　　　C. 3345H　　　　D. 6566H

57. 某汉字的国际码是 1112H，它的机内码是(　　)。
　　A. 3132H　　　　B. 5152H　　　　C. 8182H　　　　D. 9192H

58. 某汉字的区位码是 5448，它的机内码是(　　)。
　　A. D6D0H　　　　B. E5E0H　　　　C. E5D0H　　　　D. D5E0H

59. 下列关于汉字编码的叙述中，错误的是(　　)。

A. 汉字信息交换码就是国际码　　　　B. 2个字节存储一个国际码

C. 汉字的机内码就是区位码　　　　　D. 汉字的内码常用2个字节存储

60. 中国国家标准汉字信息交换编码是(　　)。

A. GB 2312—80　　　B. GBK　　　C. UCS　　　D. BIG-5

61. 一个汉字的机内码与国标码之间的差别是(　　)。

A. 前者各字节的最高位二进制值各为1，后者为0

B. 前者各字节的最高位二进制值各为0，后者为1

C. 前者各字节的最高位二进制值各为1、0，后者为0、1

D. 前者各字节的最高位二进制值各为0、1，后者为1、0

62. 人们通常所使用的计算机是(　　)。

A. 混合计算机　　　　B. 模拟计算机

C. 数字计算机　　　　D. 特殊计算机

63. 运算器的组成部分不包括(　　)。

A. 控制线路　　　　B. 译码器　　　　C. 加法器　　　　D. 寄存器

64. 控制器的功能是(　　)。

A. 进行逻辑运算　　　　　　　　B. 进行算术运算

C. 分析指令并发出相应的控制信号　　D. 只控制 CPU 的工作

65. 计算机硬件的组成部分主要包括：运算器、存储器、输入设备、输出设备和(　　)。

A. 控制器　　　　B. 显示器　　　　C. 磁盘驱动器　　　　D. 鼠标器

66. 在微型计算机中，运算器、控制器和内存储器的总称是(　　)。

A. 主机　　　　B. MPU　　　　C. CPU　　　　D. ALU

67. CPU 能够直接访问的存储器是(　　)。

A. 软盘　　　　B. 硬盘　　　　C. RAM　　　　D. C-ROM

68. 下列关于存储器的叙述中，正确的是(　　)。

A. CPU 能直接访问存储在内存中的数据，也能直接访问存储在外存中的数据

B. CPU 不能直接访问存储在内存中的数据，能直接访问存储在外存中的数据

C. CPU 不能直接访问存储在内存中的数据，也不能直接访问存储在外存中的数据

D. CPU 只能直接访问存储在内存中的数据，不能直接访问存储在外存中的数据

69. 下列关于存储器的描述中，错误的是(　　)。

A. 虚拟内存利用硬盘空间充当内存使用

B. 硬盘的存储容量和存取速度一般高于 RAM 和 U 盘

C. 存储器包括内存储器和外存储器，硬盘属于外存储器

D. Cache 解决了 CPU 与 RAM 速度不匹配的问题

70. 下列存储器中，存取速度最快的是(　　)。

A. CD-ROM　　　B. 内存　　　C. 软盘　　　　D. 硬盘

71. 在微机的性能指标中，内存储器容量指的是(　　)。

A. ROM 的容量　　　　　　　B. RAM 的容量

C. ROM 和 RAM 容量的总和　　　D. CD-ROM 的容量

72. RAM 具有的特点是( )。

A. 海量存储

B. 存储在其中的信息可以永久保存

C. 一旦断电，存储在其中的信息将全部消失且无法恢复

D. 存储在其中的数据不能改写

73. 计算机的主机由( )组成。

A. CPU、外存储器、外部设备　　　　B. CPU 和内存储器

C. CPU 和存储器系统　　　　　　　　D. 主机箱、键盘、显示器

74. 显示器显示图像的清晰程度主要取决于显示器的( )。

A. 对比度　　　　B. 亮度　　　　C. 尺寸　　　　D. 分辨率

75. 在微型计算机中，下列设备中不属于输出设备的是( )。

A. 打印机　　　　B. 显示器　　　　C. 绘图仪　　　　D. 鼠标

76. 在 Windows 环境中，最常用的输入设备是( )。

A. 键盘　　　　B. 显示器　　　　C. 扫描仪　　　　D. 手写设备

77. 在下列各类打印机中，( )打印机是目前打印质量最好的打印机。

A. 针式　　　　B. 点阵　　　　C. 喷墨　　　　D. 激光

78. CPU、存储器、I/O 设备是通过( )连接起来。

A. 接口　　　　B. 总线　　　　C. 系统文件　　　　D. 控制线

79. 有一台 PCI 系统 586/60 微型计算机，其中 PCI 是指( )。

A. 主板型号　　　B. 总线标准　　　C. 微型计算机系统名称　　　D. 微处理器型号

80. 下列描述中，错误的是( )。

A. 数据总线即指一台计算机内硬件之间接口的总和

B. 总线是微机系统各部件之间传送信息的公共通道

C. 地址总线的线数决定了 CPU 可直接寻址的内存空间大小

D. 数据总线的宽度通常与微处理器的字长相同

81. 关于 PC 主板上 CMOS 芯片的叙述，下面说法正确的是( )。

A. CMOS 芯片用于存储计算机系统的配置参数，它是只读存储器

B. CMOS 芯片用于存储加电自检程序

C. 主板上的 CMOS 芯片保存着计算机硬件的配置信息

D. CMOS 芯片的主要用途是增加内存的容量

82. 某微型机的 CPU 中含有 32 条地址线、64 位数据线及若干条控制信号线，对内存按字节寻址，其最大内存空间应是( )。

A. 256 MB　　　　B. 4 MB　　　　C. 4 GB　　　　D. 2 GB

83. 用 MIPS 衡量的计算机性能指标是( )。

A. 安全性　　　　B. 存储容量　　　　C. 可靠性　　　　D. 运算速度

84. 计算机的 CPU 性能指标主要有( )。

A. 机器的价格、光盘驱动器的速度　　　　B. 字长、寻址空间、运算速度

C. 外存容量、显示器的分辨率　　　　　　D. 操作系统、打印机

85. 下列叙述中，错误的是( )。

A. 在微机中，主机含有 CPU 和内存

B. 运算器的主要功能是实现算术运算和逻辑运算

C. 计算机的 CPU 主要指标为：字长、主频、运算速度等

D. 计算机的性能好不好，主要看 CPU 的主频高不高

86. 下列有关计算机语言的描述中，正确的是(　　)。

A. 汇编语言包括语言处理程序

B. C 语言是最早出现的高级语言

C. 用高级语言编写的程序称为源程序

D. 汇编语言源程序可被计算机硬件直接解释并执行

87. 用高级程序设计语言编写的程序，要转换成可执行程序，必须经过(　　)。

A. 汇编　　　　　B. 编辑　　　　　C. 解释　　　　　D. 编译和连接

88. 解释程序的功能是(　　)。

A. 解释执行高级语言源程序　　　　　B. 将高级语言源程序翻译成目标程序

C. 解释执行汇编语言源程序　　　　　D. 将汇编语言源程序翻译成目标程序

89. 为解决某一特定问题而设计的指令序列称为(　　)。

A. 程序　　　　　B. 文档　　　　　C. 语言　　　　　D. 系统

90. 计算机软件分为(　　)两大类。

A. 系统软件和操作系统　　　　　B. 数据库软件和应用软件

C. 操作系统和数据库软件　　　　　D. 系统软件和应用软件

91. 下列选项中，(　　)是系统软件。

A. 专家诊断系统软件　　　B. Windows 10　　　C. Office　　　　　D. 财务管理软件

92. 下列选项中，(　　)是应用软件。

A. 语言处理程序　　　　　B. Linux　　　　　C. MacOS X　　　　　D. AutoCAD

93. 下列关于计算机的叙述中，不正确的是(　　)。

A. 世界上第一台计算机诞生于美国，主要元件是晶体管

B. 我国自主生产的巨型机代表是"银河"

C. 笔记本电脑也是一种微型计算机

D. 计算机的字长一般都是 8 的整数倍

94. 下列描述中，正确的是(　　)。

A. 计算机系统是由主机、外设和系统软件组成的

B. 计算机系统是由硬件系统和应用软件组成的

C. 计算机系统是由硬件系统和软件系统组成的

D. 计算机系统是由微处理器、外设和软件系统组成的

95. 下列叙述中，错误的是(　　)。

A. 影响计算机运算速度的是主频和存取周期

B. BIOS 是一组固化在 ROM 中的程序

C. 运算器只能执行算术运算

D. 用 MIPS 描述 CPU 执行指令的速度

第2章 Windows 7操作系统

2.1 学习要求

(1) 了解操作系统的基本概念。

(2) 了解操作系统的功能、分类。

(3) 掌握 Windows 7 基本操作。

(4) 掌握文件管理与磁盘管理。

(5) 掌握 Windows 7 系统设置。

(6) 熟练使用 Windows 7 附件的应用程序。

2.2 典型例题精讲

例 2-1 操作系统是一组控制与管理(   )，方便用户使用计算机的最基本的系统软件。

A. 硬件和软件资源　　　B. 硬件资源　　　　C. 软件资源　　　　D. 应用程序

【解析】操作系统是一组控制与管理计算机硬件和软件资源，合理地组织计算机的工作流程，为其他软件提供支持，使计算机系统所有的资源最大限度地发挥作用，改善人机界面，方便用户使用计算机的最基本的系统软件。因此，本题答案应选 A。

【答案】A

例 2-2 操作系统主要有五大基本功能，分别是(   )。

A. 处理器管理、显示器管理、键盘管理、打印机管理和鼠标器管理

B. 硬盘管理、软盘驱动器管理、CPU 管理、显示器管理和键盘管理

C. CPU 管理、存储器管理、设备管理、文件管理和作业管理

D. 启动、打印、显示、文件存取和关机

【解析】此题主要考查操作系统的五大基本功能。

操作系统主要有五大基本功能，分别是处理器管理、存储器管理、设备管理、文件管理、作业管理。其中处理器管理也称为 CPU 管理。因此，本题答案应选 C。

【答案】C

例 2-3 操作系统最基本的特征是(   )和共享。

A. 并发　　　　　　B. 共享　　　　　　C. 虚拟　　　　　　D. 异步

【解析】操作系统有四个基本特征：并发、共享、虚拟、异步，其中并发和共享是操

作系统的两个最基本的特征。因此，本题答案应选 A。

【答案】A

例 2-4 进程与程序的根本区别是(　　)。

A. 静态和动态特点

B. 是不是被调入内存中

C. 是不是具有就绪、运行和等待三种状态

D. 是不是占有处理器

【解析】进程是一个程序在某个数据集合上的执行，操作系统引入进程的概念是为了从变化的角度动态地分析和研究程序的执行。因此，本题答案应选 A。

【答案】A

例 2-5 按操作系统的分类，Linux 操作系统属于(　　)。

A. 批处理操作系统　　　　　　B. 实时操作系统

C. 分时操作系统　　　　　　　D. 网络操作系统

【解析】此题主要考查操作系统的分类。

批处理操作系统是指用户将程序、数据、文档等组成的作业一批批提交给操作系统后，由操作系统控制它们自动运行；分时操作系统的主要特点是将 CPU 的时间划分成若干时间片，每个用户轮流使用这些时间片，如果分配给用户的时间片不够用，那么它只能暂停，等待下次时间片的到来，典型的分时系统有 UNIX、Linux 等；实时操作系统应能及时获取用户请求，并在指定时间内开始或完成规定任务，同时还要保证所有任务协调一致地工作；管理计算机网络资源和实现网络通信协议等软件称为网络操作系统。因此，本题答案应选 C。

【答案】C

例 2-6 微机上广泛使用的 Windows 7 是(　　)。

A. 单用户多任务操作系统　　　B. 多用户多任务操作系统

C. 实时操作系统　　　　　　　D. 多用户分时操作系统

【解析】此题主要考查操作系统的分类。

按所支持的用户数来划分，操作系统可分为单用户操作系统和多用户操作系统。

单用户操作系统：指一台计算机在同一时间只能由一个用户使用，一个用户独自享用系统的全部硬件和软件资源，如 MS-DOS、Windows 等。

多用户操作系统：指在同一时间允许多个用户同时使用计算机，如 UNIX、Linux 等。

按同时管理作业的数目来划分，操作系统可分为单任务操作系统和多任务操作系统。

单任务操作系统：用户一次只能提交一个任务，等该任务完成后才能提交下一个任务，如早期的 MS-DOS。

多任务操作系统：用户一次可以提交多个任务，如 Windows 系统、UNIX 等。因此，本题答案应选 A。

【答案】A

例 2-7 关于 Windows 7 的描述，错误的是(　　)。

A. 桌面图标排列类型设置为"自动排列"时，无法将图标拖到桌面任意位置

B. 用"添加删除程序"删除的应用程序可以通过回收站恢复

C. 屏幕保护程序一般可以设置密码保护

D. 一个文件可以由多种程序打开

【解析】用"添加删除程序"删除的应用程序无法通过回收站恢复。因此，本题答案应选 B。

【答案】B

例 2-8 在 Windows 7 中，正确的文件名是(   )。

A. computer.docx   B. c1|c2

C. setup?.exe   D. A*B. pptx

【解析】文件名可由字母、数字、空格、下划线、汉字及特殊符号组成，但不能使用以下字符：\、/、:、*、?、"、<、>、|。因此，本题答案应选 A。

【答案】A

例 2-9 在搜索文件或文件夹时，输入(   )即可搜索文件名中第三个字符为 a 的所有文件。

A. ?a*.*   B. ??a*

C. ?A. *   D. ??a*.*

【解析】如果搜索时不知道确切的文件名，可以使用通配符"*"或"？"。其中"*"可以通配 0 到多个字符，"？"只能通配一个字符。因此，本题答案应选 D。

【答案】D

例 2-10 在 Windows 7 的系统工具中，(   )可以将磁盘上零散的闲置空间组织成连续的可用空间。

A. 磁盘空间管理   B. 磁盘扫描程序

C. 磁盘碎片整理   D. 磁盘清理

【解析】计算机在工作时会产生许多临时文件，回收站里也存有很多被删除的文件，还有上网时留下的许多 Internet 临时文件，它们占用了磁盘空间，磁盘清理可以识别并清理硬盘里没有用的碎片和垃圾文件，以此提高系统运行速度。而磁盘碎片整理则是把这些零散的碎片排放整齐，尽量使同一个文件的内容存储在连续的磁盘空间中，提高文件的读/写速度。因此，本题答案应选 C。

【答案】C

例 2-11 Windows 7 中的"回收站"是(   )。

A. 窗口中的一块区域   B. 硬盘中的一块区域

C. ROM 中的一块区域   D. 内存中的一块区域

【解析】回收站是 Windows 7 用于存储硬盘上被删除文件、文件夹的场所，是硬盘上的一块区域。它为用户提供了一个恢复误删除文件的机会。但一旦回收站被清空，则其中的内容将无法还原。因此，本题答案应选 B。

【答案】B

例 2-12 关于 Windows 7 快捷方式的描述，错误的是(   )。

A. 快捷方式本身是一个文件

B. 一个文档可以有多个快捷方式图标

C. 使用快捷方式可以快速打开相应的程序或文档

D. 将文档移动到另一个文件夹后，双击该文档原有的快捷方式图标，仍然可以打开该文档

【解析】当原文档被移动到另一个文件夹后，双击该文档原有的快捷方式图标，快捷方式找不到对应的文件路径，所以打不开该文档。因此，本题答案应选 D。

【答案】D

2.3　实　验　操　作

实验一　Windows 7 基本操作

1. 实验目的

(1) 掌握 Windows 7 外观和个性化设置的设置方法。
(2) 掌握 Windows 7 任务栏和开始菜单的设置方法。
(3) 掌握 Windows 7 任务管理器的使用。
(4) 掌握 Windows 7 系统日期和时间的设置方法。
(5) 掌握用户账户管理。

2. 实验内容

(1) 更改主题。
(2) 更改桌面背景。
(3) 设置屏幕保护程序。
(4) 桌面图标的排列。
(5) 设置任务栏(是否锁定、自动隐藏，任务栏按钮是否合并，调整屏幕上的任务栏位置)。
(6) 设置开始菜单。
(7) 用任务管理器结束"记事本"应用程序。
(8) 设置 Windows 7 系统日期和时间。
(9) 创建用户账户。
(10) 创建密码。
(11) 更改用户账户。
(12) 删除用户账户。

3. 实验步骤

步骤 1：更改主题。
① 选择【开始】菜单中的【控制面板】。
② 在【控制面板】窗口中选择【外观和个性化】。
③ 在【外观和个性化】窗口中，选择【个性化】|【更改主题】选项，在【Aero 主题】下，单击所选中的主题即可改变当前桌面外观，如图 2-1 所示。
步骤 2：更改桌面背景。
① 在打开的【外观和个性化】窗口中，选择【个性化】|【更改桌面背景】选项。

图 2-1　【个性化】窗口

②　在打开的窗口中，在【图片位置】的下拉框中选择自己喜欢的图片作为桌面背景。除了系统提供的图片之外，用户还可以单击【浏览】按钮，选择自己喜欢的图片或文档(包括 BMP、GIF、JPEG、DIB、PNG、HTML 等)作为背景。作为背景的图片或 HTML 文档在桌面上的排列方式有填充、适应、拉伸、平铺和居中等方式，如图 2-2 所示。

图 2-2　【桌面背景】窗口

步骤 3：设置屏幕保护程序。

① 在【控制面板】窗口中选择【外观和个性化】。

② 在【外观和个性化】窗口中，选择【个性化】|【更改屏幕保护程序】选项。

③ 在打开的对话框中，选择自己喜欢的"屏幕保护程序"，如"彩带"，在【等待】文本框中可设置等待时间，如 5 分钟。单击【应用】和【确定】按钮，退出设置，如图 2-3 所示。

图 2-3　【屏幕保护程序】对话框

步骤 4：桌面图标的排列。

① 在桌面的空白位置处单击鼠标右键。

② 在弹出的快捷菜单中选择【排序方式】或【查看】，如图 2-4 所示。

③ 在子菜单中可选择【名称】、【大小】、【项目类型】、【修改日期】进行排列，也可以选择【自动排列图标】或【将图标与网格对齐】。

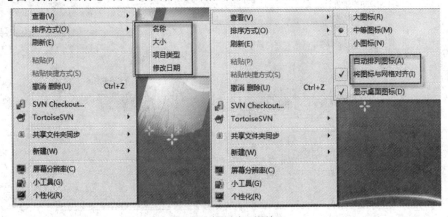

图 2-4　排列桌面图标

步骤 5：设置任务栏。

① 鼠标右键单击任务栏空白处，在弹出的快捷菜单中选择【属性】。

② 在打开的【任务栏和「开始」菜单属性】对话框中选择【任务栏】选项卡。

③ 根据要求勾选【锁定任务栏】、【自动隐藏任务栏】复选框。

④ 在对话框的【屏幕上的任务栏位置】下拉框中有 4 个选项，分别是"底部""顶部""左侧""右侧"。

⑤ 合并标签是指把同一个应用程序打开的多个文档组合为一个任务栏按钮显示，以便减少任务栏的混乱程度。【任务栏按钮】下拉框中有 3 个选项，分别是"从不合并""始终合并、隐藏标签""当任务栏被占满时合并"，如图 2-5 所示。

⑥ 选中选项后，单击【确定】按钮，可观察任务栏的不同显现方式。

步骤 6：设置开始菜单。

① 鼠标右键单击任务栏空白处，在弹出的快捷菜单中选择【属性】。

② 在打开的对话框中选择【「开始」菜单】选项卡。

③ 单击【自定义】按钮，打开【自定义「开始」菜单】对话框，如图 2-6 所示。

④ 在对话框中可以自定义【开始】菜单上的链接、图标以及菜单的外观和行为。

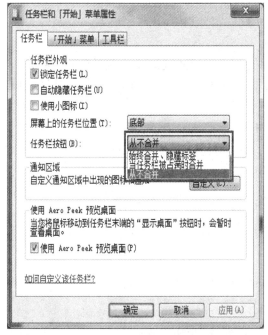
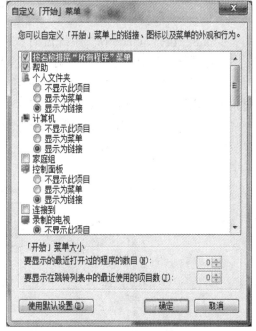

图 2-5　【任务栏和「开始」菜单属性】对话框　　　图 2-6　【自定义「开始」菜单】对话框

步骤 7：用任务管理器结束"记事本"应用程序

① 打开"记事本"程序。

② 鼠标右键单击任务栏空白处，在弹出的快捷菜单中选择【启动任务管理器】(或者同时按住 Ctrl + Shift + Del 键打开任务管理器)，选择【应用程序】选项卡。如图 2-7 所示。

③ 在【应用程序】选项卡中，选择"无标题-记事本"，单击【结束任务】按钮，即可终止该程序的运行。

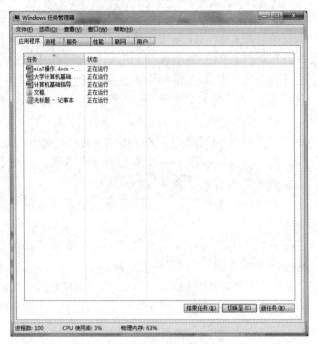

图 2-7　【应用程序】选项卡界面

步骤 8：设置 Windows 7 系统日期和时间。

选择【开始】菜单中的【控制面板】|【时钟、语言和区域】|【设置日期和时间】。

在弹出的【日期和时间】对话框中单击【更改日期和时间】按钮，此时用户可以对日期和时间进行更改，如图 2-8 所示。

图 2-8　【日期和时间】对话框

步骤 9：创建用户账户。

选择【开始】菜单中的【控制面板】|【添加或删除用户账户】，单击【管理账户】窗口，单击【管理账户】|【创建一个新账户】，弹出如图 2-9 所示的【创建账户】窗口，在【创建账户】窗口中输入"user"，单击【创建账户】按钮，在计算机中出现名为"user"的标准账户。

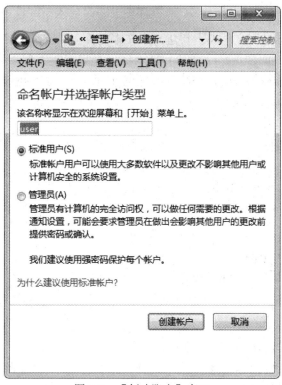

图 2-9　【创建账户】窗口

步骤 10：创建密码。

选择账户名，单击【创建密码】按钮，在"新密码"框中输入要设置的密码，然后在"确认新密码"框中输入同一密码之后，单击【创建密码】按钮。

步骤 11：更改用户账户。

选择要更改的账户名，单击【更该账户名称】(或更改密码、更改图片、更该账户类型)，在"新账户名"中输入新的账户名，最后单击【更改名称】按钮。

步骤 12：删除用户账户。

选择要删除的账户名，单击【删除账户】|【删除文件】|【删除账户】，就删除了该账户及所属的所有信息。

实验二　文件/文件夹的操作

1. 实验目的

(1) 掌握文件/文件夹的新建、重命名的操作方法。

(2) 掌握文件/文件夹的复制、剪切的操作方法。

(3) 掌握文件/文件夹的属性修改的操作方法。

(4) 掌握文件/文件夹的创建快捷键的操作方法。

(5) 掌握文件/文件夹的搜索、删除的操作方法。

2. 实验内容

(1) 在 D:\下创建 ks 文件夹，并在 ks 文件夹下建立两个子文件夹 article 和 video。

(2) 在"D:\ks\ article"文件夹下新建一个文本文件，并将其命名为 test.txt。

(3) 将"D:\素材\chap2\exper02"中的"将'光盘行动'进行到底.docx""垃圾分类 正成时尚.docx"两个文件复制到 article 文件夹中。将"D:\素材\chap2\exper02"中的"生活如何节能减排.mp4""文明自律 让城市更美好.mp4"两个文件复制到 video 文件夹中。

(4) 将"D:\ks\article"文件夹下的文件 test.txt 重命名为 practice.txt，并移动到 ks 文件夹下。

(5) 在"D:\ks\article"文件夹下创建"将'光盘行动'进行到底.docx"的快捷方式。

(6) 设置 article 文件夹中的"垃圾分类 正成时尚.docx"文件的属性为只读。设置 video 文件夹的属性为隐藏。

(7) 在 C:\下搜索 notepad.exe 文件，并复制到 ks 文件夹下。

(8) 删除具有隐藏属性的 video 文件夹下的"生活如何节能减排.mp4"文件。

3. 实验步骤

步骤 1：创建文件夹。

① 打开【计算机】窗口，双击 D 盘。

② 右键单击 D 盘的内容窗格空白处，在弹出的快捷菜单中选择【新建】|【文件夹】，当出现名为"新建文件夹"时输入 ks，在 D 盘创建 ks 文件夹。

③ 打开(双击)ks 文件夹，用上述方法即可创建两个子文件夹 article 和 video。

步骤 2：创建文件。

打开(双击)article 文件夹，右键单击内容窗格空白处，在弹出的快捷菜单中选择【新建】|【文本文档】，当出现名为"新建文本文档.txt"时输入"test.txt"，在 article 文件夹创建 test.txt 文档。

步骤 3：复制文件。

① 打开"D:\素材\chap2\exper02"文件夹，按住 Ctrl 键分别单击"将'光盘行动'进行到底.docx""垃圾分类 正成时尚.docx"两个文件。

② 右键单击选中的文档，在弹出的快捷菜单中选择【复制】。

③ 打开"D:\ks\article"文件夹，在内容窗格空白处单击右键，在弹出的快捷菜单中选择【粘贴】。

④ 用上述方法完成把"D:\素材\chap2\exper02"中的"生活如何节能减排.mp4""文明自律 让城市更美好.mp4"两个文件复制到 video 文件夹中。

步骤 4：重命名文件，并移动文件。

① 打开"D:\ks\ article"文件夹，右键单击 test.txt 文件，在弹出的快捷菜单中选择【重命名】，将文件名改为 practice.txt。

② 右键单击 practice.txt 文件，在弹出的快捷菜单中选择【剪切】。

③ 打开"D:\ks"文件夹，在内容窗格空白处右键单击，在弹出的快捷菜单中选择【粘贴】。

步骤 5：创建快捷方式。

打开"D:\ks\article"文件夹，右键单击"将'光盘行动'进行到底.docx"文件，在弹出的快捷菜单中选择【创建快捷方式】即可。

步骤 6：设置文件属性。

① 打开"D:\ks\article"文件夹，右键单击"垃圾分类　正成时尚.docx"文件，在弹出的快捷菜单中选择【属性】。

② 弹出如图 2-10 所示的对话框，选择【常规】选项卡的【属性】，勾选【只读】复选框，单击【确定】按钮。即可把"垃圾分类　正成时尚.docx"文件设为只读。

③ 打开"D:\ks"文件夹，右键单击 video 文件夹，在弹出的快捷菜单中选择【属性】。

④ 弹出如图 2-11 所示的对话框，选择【常规】选项卡，在【属性】中勾选【隐藏】，单击【确定】按钮，在弹出的【确认属性更改】对话框中选择"将更改应用于此文件夹、子文件夹和文件"选项，单击【确定】按钮，即可把 video 文件夹设为隐藏。

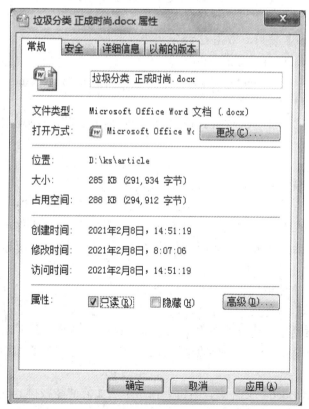

图 2-10　word 文档【属性】对话框

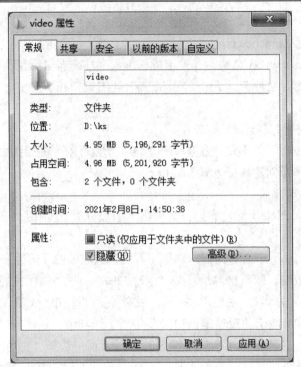

图 2-11　video 文件夹【属性】对话框

步骤 7：搜索文件。

① 打开【计算机】窗口，双击 C 盘。

② 在搜索栏中输入"notepad.exe"。

③ 在搜索结果中找到"notepad.exe"文件，右键单击"notepad.exe"文件，在弹出的快捷菜单中选择【复制】。

④ 打开"D:\ks"文件夹，在内容窗口空白处单击右键，在弹出的快捷菜单中选择【粘贴】。

【拓展知识】

如果搜索时不知道确切的文件名，可以使用通配符"*"或"？"。其中"*"可以通配 0 到多个字符，"？"只能通配一个字符。例如，要搜索以 B 开头的 JPG 文件，则可以在搜索框中输入"B*.JPG"，如果要搜索第三个字符是 B 的 JPG 文件，则可以在搜索框中输入"??B*.JPG"。除此之外，还可以添加文件大小、文件修改日期等条件进行筛选，查找文件/文件夹。

步骤 8：删除具有隐藏属性的文件。

① 打开"D:\ks"文件夹，单击菜单栏中的【工具】|【文件夹选项】。

② 在弹出的对话框中选择【查看】选项卡，在【高级设置】列表框中勾选"显示隐藏的文件、文件夹和驱动器"选项，如图 2-12 所示，单击【确定】按钮。这样隐藏文件夹在窗口中即能显示。

③ 打开"D:\ks\video"文件夹，右键单击"生活如何节能减排.mp4"文件，在弹出的快捷菜单中选择【删除】即可。

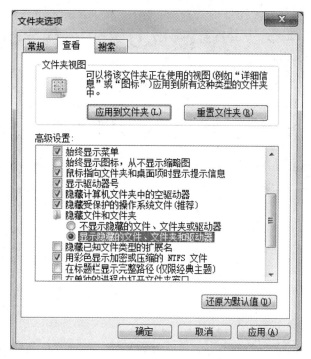

图 2-12　【文件夹选项】对话框

实验三　Windows 7 附件中应用程序的使用

1. 实验目的

(1) 掌握 Windows Media Player 的使用方法。

(2) 掌握"计算器"的使用方法。

(3) 掌握"记事本"的使用方法。

(4) 掌握"画图"的使用方法。

(5) 掌握压缩工具 WinRAR 的使用方法。

2. 实验内容

(1) 利用 Windows Media Player 软件播放"D:\素材\chap2\exper03\爱护环境.mp4",并进行控制播放速度、音量控制、暂停、停止等操作。

(2) 将十进制数 256 分别转换成二进制数、八进制数和十六进制数。

(3) 计算 10!、8^6、ln5 的值。

(4) 计算从 2021/2/8 到 2021/5/1 这段时间相差几天。

(5) 在 D 盘中保存一个名为"爱护环境"的记事本,内容为"爱护环境,珍惜资源,从我做起。"。

(6) 在"画图"软件中打开"D:\素材\chap2\exper03\人类与自然岌岌可危的关系.png"图像文件。

(7) 在"人类与自然岌岌可危的关系.png"图片的左上角写上"人类与自然岌岌可危的关系"，文字颜色为红色，字体为微软雅黑，字号为 18。

(8) 将最终效果图保存在 D 盘中。

(9) 将"D:\素材\chap2\exper03"中的文件夹"用自律走好网络学习的每一步"压缩，密码设为"123456"，保存在当前文件夹中。

(10) 将"D:\素材\chap2\exper03\彝族古训：自律篇.rar"解压到当前文件夹中。

3. 实验步骤

步骤 1：利用 Windows Media Player 软件播放"D:\素材\chap2\exper03\爱护环境.mp4"，并进行控制播放速度、音量大小调节、暂停、停止等操作。

① 选择【开始】|【所有程序】|【Windows Media Player】，出现"Windows Media Player"窗口。

② 将"D:\素材\chap2\exper03\爱护环境.mp4"的文件拖放到"Windows Media Player"窗口中"未保存的列表"窗格中，如图 2-13 所示。

③ 在图 2-13 所示窗口中选择相应按钮进行播放、控制播放速度、音量大小调节、暂停、停止等操作。

图 2-13 【Windows Media Player】窗口

步骤 2：将十进制数 256 分别转换成二进制数、八进制数和十六进制数。

① 选择【开始】|【所有程序】|【附件】|【计算器】，打开【计算器】窗口。

② 在【计算器】窗口中选择【查看】|【程序员】，切换到程序员型【计算器】窗口。如图 2-14 所示。

③ 输入"256"，单击【二进制】按钮，就转换成二进制数 100000000。

④ 单击【八进制】按钮，就转换成八进制数 400。

⑤ 单击【十六进制】按钮，就转换成十六进制数 100。

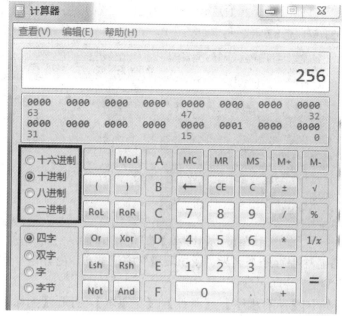

图 2-14　【计算器】窗口(程序员型)

步骤 3：计算 10!、8^6、ln5 的值。

① 在【计算器】窗口中选择【查看】|【科学型】，切换到科学型【计算器】窗口。

② 计算 10!的值：输入"10"，单击 按钮，就得出 3628800，如图 2-15 所示。

③ 计算 8^6 的值：输入"8"，单击 按钮，再输入"6"，得出 262144。

④ 计算 ln5 的值：输入"5"，单击 按钮，得出 1.6094379124341003746007593332262。

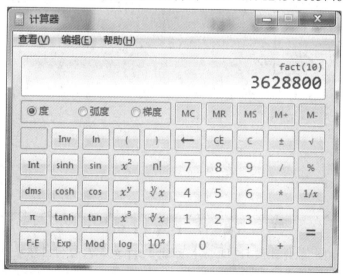

图 2-15　【计算器】窗口(科学型)

步骤 4：计算从 2021/2/8 到 2021/5/1 这段时间相差几天。

① 在【计算器】窗口中选择【查看】|【日期计算】，打开如图 2-16 所示的【计算器】窗口(日期计算)。

② 在【计算器】窗口中右侧【选择所需的日期计算】的下拉列表框中选择"计算两个日期之差",输入日期,从"2021/2/8"到"2021/5/1",单击【计算】按钮,即可得出从 2021/2/8 到 2021/5/1 差 82 天。

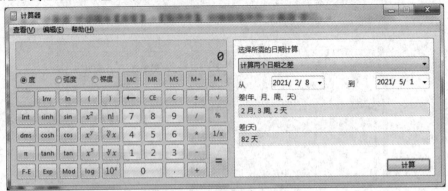

图 2-16　【计算器】窗口(日期计算)

步骤 5:在 D 盘中保存一个名为"爱护环境"的记事本,内容为"爱护环境,珍惜资源,从我做起。"

① 单击【开始】|【所有程序】|【附件】|【记事本】,打开【无标题-记事本】窗口。

② 输入内容:爱护环境,珍惜资源,从我做起。

③ 单击【文件】|【另存为】,如图 2-17 所示。在弹出的窗口中选择 D 盘,输入文件名"爱护环境",单击【保存】按钮即可。

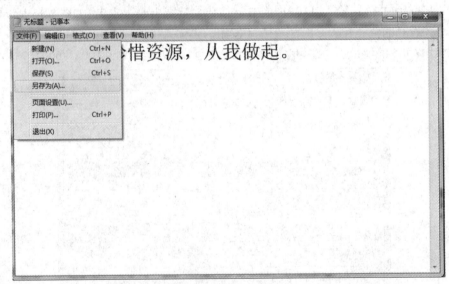

图 2-17　【记事本】窗口

步骤 6:在"画图"软件中打开"D:\素材\chap2\exper03\人类与自然岌岌可危的关系.png"图像文件。

① 单击【开始】|【所有程序】|【附件】|【画图】,打开【无标题-画图】窗口。

② 在【无标题-画图】窗口中单击"文件图标"下拉按钮,选择【打开】,如图 2-18 所示。

③ 在打开的对话框中选择 "D:\素材\chap2\exper03\人类与自然岌岌可危的关系.png"，打开图像文件。

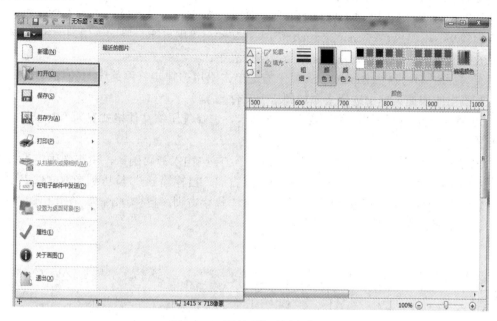

图 2-18　【无标题-画图】窗口

步骤 7：在 "人类与自然岌岌可危的关系.png" 图像文件中添加文字，设置文字颜色、字体、字号。

在【无标题-画图】窗口中单击【主页】|【工具】|【A】按钮，光标在左上角拖出一个文本框，输入 "人类与自然岌岌可危的关系"，设置文字颜色为红色，字体为 "微软雅黑"，字号为 "18"。如图 2-19 所示。

图 2-19　加上文字后的效果图

步骤 8：将最终效果图保存在 D 盘中。

单击 ▣ 按钮，在弹出的【另存为】对话框中选择 D 盘，文件名为"人类与自然岌岌可危的关系"，类型选择 PNG(*.png)，单击【保存】按钮，关闭【另存为】对话框。

步骤 9：将"D:\素材\chap2\exper03"中的文件夹"用自律走好网络学习的每一步"压缩，设置密码为"123456"并保存在当前文件夹中。

① 打开"D:\素材\chap2\exper03"，右键单击"用自律走好网络学习的每一步"文件夹，在弹出的快捷菜单中选择【添加到压缩文件…】。

② 在弹出的对话框中选择【常规】选项卡，选择【压缩文件格式】为"RAR"，单击【设置密码】按钮。

③ 在弹出的对话框中输入密码"123456"，再次输入密码确认，单击【确定】按钮。

步骤 10：将"D:\素材\chap2\exper03\彝族古训：自律篇.rar"解压到当前文件夹中。

打开"D:\素材\chap2\exper03"，右键单击"彝族古训：自律篇.rar"，在弹出的快捷菜单中选择【解压到当前文件夹】即可解压。

2.4 习　题

一、选择题

1. 操作系统的主要作用是(　　)。

A. 对用户的文件进行管理

B. 对计算机的硬件资源和软件资源进行统一控制和管理

C. 实现进程之间的信息交换

D. 处理用户的作业

2. 下列关于操作系统的主要功能的描述中，不正确的是(　　)。

A. 处理器管理　　　　　B. 作业管理　　　　　C. 文件管理　　　　　D. 安全管理

3. 操作系统将 CPU 的时间划分成若干个时间片，每个用户轮流使用这些时间片，如果分配给用户的时间片不够用，它只能暂停，等待下次时间片的到来。这种操作系统称为(　　)。

A. 实时操作系统　　　　　　　　B. 批处理操作系统

C. 分时操作系统　　　　　　　　D. 分布式操作系统

4. 按操作系统的分类，飞机的自动驾驶系统属于(　　)。

A. 实时操作系统　　　　　　　　B. 批处理操作系统

C. 分时操作系统　　　　　　　　D. 分布式操作系统

5. UNIX 操作系统属于(　　)。

A. 单用户多任务操作系统　　　　B. 多用户多任务操作系统

C. 实时操作系统　　　　　　　　D. 多用户分时操作系统

6. 在 Windows 7 环境下，无法在"任务栏"内实现的操作是(　　)。

A. 运行任务管理器　　　　　　　B. 排列桌面图标

C. 排列和切换窗口　　　　　　　D. 显示桌面

7. 在搜索文件时，若用户输入 A?C. *，则下列被选中的文件是(　　)。

A. ABC. DOCX　　　　B. AC. DOCX　　　　C. AACC. txt　　　　D. AC. TXT

8. 在搜索文件时，若用户输入 a*　B. txt，则下列被选中的文件有(　　)。

① ab. txt;

② aab. txt;

③ abb. txt;

④ abc. txt;

⑤ acb. txt。

A. ①②③④⑤　　　　B. ①②③⑤　　　　　C. ①②③④　　　　D. ②③④⑤

9. 下列关于 Windows 7 文件类型的描述中，正确的是(　　)。

A. 不同类型的文件一般使用不同的扩展名来区分

B. 不同扩展名的文件必须使用不同的图标

C. 图像文件的扩展名都是 BMP

D. 一个应用软件只能打开对应的一种扩展名的文件

10. 下列关于回收站的描述中，正确的是(　　)。

A. 回收站所占的空间大小是固定的

B. 放入回收站的文件只能是"只读"文件

C. 回收站内的文件可以一次性全部恢复

D. 回收站不能提供文件的原始位置

11. 在 Windows 7 系统工具中，(　　)可以释放磁盘上的垃圾文件，增加可用空间。

A. 磁盘碎片整理　　　　　　　　B. 磁盘清理

C. 系统还原　　　　　　　　　　D. 磁盘备份

12. 在 Windows 7 操作系统中，如果想要将当前活动窗口的画面复制到剪贴板中，正确的操作是(　　)。

A. 按 Print Screen 键　　　　　　　B. 按组合键 Alt + Shift + Ctrl

C. 按组合键 Alt + Print Screen　　　D. 按组合键 Ctrl+ Print Screen

13. 在 Windows 7 操作系统中，如果想要将整个窗口的画面复制到剪贴板中，正确的操作是(　　)。

A. 按 Print Screen 键　　　　　　　B. 按组合键 Alt + Shift + Ctrl

C. 按组合键 Alt + Print Screen　　　D. 按组合键 Ctrl+ Print Screen

14. 在 Windows 7 操作系统中，剪贴板是(　　)中一块存放各应用程序间交换和共享数据的区域。

A. 只读存储器　　　　B. U 盘　　　　　C. 移动硬盘　　　　D. 随机存储器

15. 关于 Windows 7 快捷方式的说法，错误的是(　　)。

A. 双击某指定文档的快捷方式图标即打开该文档

B. 任何文件和文件夹都可以创建快捷方式图标

C. 删除某文档的快捷方式图标后，也同时删除了该文档

D. 一个目标对象可有多个快捷方式

16. Windows 7 的文件组织结构是(　　)。

A. 线形结构　　　　　　　　　　B. 树形结构

C. 网络结构　　　　　　　　　　D. 无任何组织结构

17. 设置 computer.docx 为只读文件，下列叙述正确的是(　　)。

A. 在 Word 下可打开查看 computer.docx，但不能另存为其他文档

B. 在 Word 下可打开查看 computer.docx，修改后可直接保存

C. 在 Word 下无法打开查看 computer.docx

D. 在 Windows 7 下可直接删除 computer.docx

18. 对 Windows 7 而言，叙述正确的是(　　)。

A. 被剪切的文件可粘贴多次

B. 被剪切的文件只能粘贴一次

C. 被复制的文件只能粘贴一次

D. 被复制的文件不可以在相同文件夹中多次粘贴

19. 在 Windows 7 中，打开【我的电脑】窗口后，想要改变文件或文件夹的显示方式，应选用(　　)。

A. 【查看】菜单　　　　　　　　B. 【文件】菜单

C. 【编辑】菜单　　　　　　　　D. 【帮助】菜单

20. 利用快捷键(　　)＋Tab，可直接在窗口之间切换。

A. Esc　　　　B. Ctrl　　　　C. Alt　　　　D. Shift

21. 对话框与窗口类似，但对话框(　　)等。

A. 没有菜单栏，尺寸是可变的，比窗口多了标签和按钮

B. 没有菜单栏，尺寸是固定的，比窗口多了标签和按钮

C. 有菜单栏，尺寸是可变的，比窗口多了标签和按钮

D. 有菜单栏，尺寸是固定的，比窗口多了标签和按钮

22. 在文件夹中可以包含(　　)。

A. 文件　　　　　　　　　　　　B. 文件、文件夹

C. 文件、快捷方式　　　　　　　D. 文件、文件夹、快捷方式

23. 在一个驱动器上，Windows 中(　　)。

A. 允许同一个文件夹中的文件同名，也允许不同文件夹中的文件同名

B. 不允许同一个文件夹中的文件及不同文件夹中的文件同名

C. 允许同一个文件夹中的文件同名，不允许不同文件夹中的文件同名

D. 不允许同一个文件夹中的文件同名，允许不同文件夹中的文件同名

24. 下列叙述错误的是(　　)。

A. "计算器"可以将二进制小数转换成十进制

B. "写字板"可以打开 Word 文件

C. "记事本"能编辑带有格式的文本文件

D. "画图"程序能将图片保存为 BMP、JPEG 等格式

25. 在 Windows 7 环境下，当一个程序长时间未响应用户请求时，要结束该任务可以

按(　　)键。

A. Ctrl + Alt + Del　　　　　　　　B. Ctrl + Del

C. Ctrl + Esc　　　　　　　　　　　D. Ctrl + Shift + Del

26. 任务栏的位置是可以改变的，通过拖动任务栏可以将它移到(　　)。

A. 桌面横向中部　　　　　　　　　B. 桌面纵向中部

C. 任意位置　　　　　　　　　　　D. 桌面四个边缘位置均可

27. 文件的类型可以根据(　　)来识别。

A. 文件的扩展名　　　　　　　　　B. 文件的用途

C. 文件的大小　　　　　　　　　　D. 文件的存放位置

28. 以(　　)为扩展名的文件被称为记事本。

A. .exe　　　　　　B. .txt　　　　　　C. .com　　　　　　D. .doc

29. 在 Windows 7 中，将文件放入回收站，表明该文件(　　)。

A. 已被彻底删除，但可以恢复　　　B. 已被删除，不能恢复

C. 虽已被删除，但可以恢复　　　　D. 没有被删除

30. 一个文件路径为 "E:\study\chap01\note.docx"，其中 "chap01" 是一个(　　)

A. 文件夹　　　　B. 目录　　　　　C. 文件　　　　　D. Word 文档

31. Windows 7 桌面上的 "回收站" 图标是(　　)。

A. 用来暂存用户删除的文件、文件夹等内容的

B. 用来管理计算机资源的

C. 用来管理网络资源的

D. 用来使网络中的便携机和办公室中的文件保持同步的

32. 若某一文件夹下有很多不同类型的文件，需要选取某一时间段的文件，最好把文件按(　　)排列。

A. 名称　　　　　B. 大小　　　　　C. 类型　　　　　D. 日期

33. 在 Windows 7 中，若要将文件不进入回收站而直接删除，正确的操作是(　　)。

A. 选定文件后，按 Shift + Del 组合键

B. 选定文件后，按 Ctrl + Del 组合键

C. 选定文件后，按 Del 键

D. 选定文件后，按 Backspace 键

34. 要同时选定不相邻的多个文件，按住(　　)键逐个单击文件。

A. Shift　　　　　B. Ctrl　　　　　C.Alt　　　　　D. Del

二、操作题

1. Windows 7 基本操作。

要求：

(1) 将 "D:\素材\chap2\practice\保护环境.jpg" 设为桌面背景，图片位置为居中。

(2) 把屏幕分辨率设为 1280 × 800 像素，方向为横向。

(3) 将桌面图标按项目类型进行排序。

(4) 在桌面右上角添加 Windows 7 "日历" 小工具。

(5) 选择"气泡"屏幕保护程序，等待时间为 2 分钟，在恢复时显示登录屏幕。

(6) 设置任务栏为"自动隐藏"，位置在右侧，当任务栏被占满时合并标签。

(7) 设置隐藏桌面上的"计算机""网络"图标。

(8) 将音量设置为静音，并将任务栏中的音量图标隐藏。

(9) 打开一个画图程序，用任务管理器关闭该画图应用程序。

(10) 创建一个名为"test"的账户，账户密码是 123456，账户类型为"标准用户"。

(11) 在浏览文件和文件夹时，文件和文件夹的扩展名没有显示，请显示扩展名。

(12) 显示隐藏的文件、文件夹和驱动器。

(13) 利用【开始】菜单中的【搜索】框搜索，并打开"计算器"应用程序。

(14) 利用系统工具的"磁盘碎片整理程序"，对 D 盘进行碎片整理。

(15) 设置系统的日期时间为 2021 年 9 月 1 日 12:30:50。

(16) 从网上下载"酷狗音乐"软件，按默认方式安装该软件。

(17) 卸载第(16)题安装的"酷狗音乐"软件。

2. 文件/文件夹的操作。

要求：

(1) 新建文件夹：在 D:\下创建 ks 文件夹，在 ks 文件夹下建立两个子文件夹 subject1 和 subject2，并在 subject2 下建立子文件夹 T1。

(2) 新建文件：在 subject1 文件夹下建立文本文件 test.txt。

(3) 将"D:\素材\chap2\practice"中的"麒麟芯片或将绝版.docx""硬核科技该有多浪漫.docx""华为'鸿蒙'系统的名字有何含义.mp4""华为绝地反击.mp4"四个文件复制到 subject1 文件夹中。

(4) 将 subject1 文件夹下的文件"华为绝地反击.mp4"在同一文件夹中复制一份，并更名为"华为绝地反击，中国居安思危.mp4"；将 subject1 文件夹中的文件"华为'鸿蒙'系统的名字有何含义.mp4"移动到 T1 文件夹中。

(5) 将 subject1 文件夹中的所有 .mp4 文件全部选中，复制到 subject2 文件夹中。

(6) 将 subject1 文件夹中的"硬核科技该有多浪漫.docx"文件移动到 subject2 文件夹中；将 T1 文件夹复制到 subject1 文件夹中；将 subject1 文件夹中的子文件夹 T1 的名字改为 T2。

(7) 设置 subject1 文件夹中的文件 test.txt 的属性为只读，设置其子文件夹 T2 的属性为隐藏。

(8) 删除 T2 文件夹中的"华为'鸿蒙'系统的名字有何含义.mp4"文件，再从"回收站"恢复该文件，删除文件夹 T1。

(9) 在 C:\下搜索 calc. exe 文件，并复制到 ks 文件夹下。

3. Windows 7 附件中应用程序的使用。

要求：

(1) 利用 Windows Media Player 软件播放"D:\素材\chap2\practice\华为新纳米系统芯片.mp4"。

(2) 利用"计算器"，将二进制数 11001111 转换成八进制数、十进制数和十六进制数。

(3) 利用"计算器"，计算 lg5，sin45°，29 除以 3 的余数。

(4) 利用"计算器"，计算 2.5 t 等于多少 kg，1 加仑等于多少夸脱。

(5) 在"记事本"中输入如图 2-20 所示文本。

鸿蒙，既代表着一切的起源，代表着从零做起，也代表着破开混沌的决心；既能看出华为开天辟地的决心，也能感受到他们披荆斩棘的艰辛。

图 2-20　录入的文本图

并把该记事本保存在 D 盘中，命名为"鸿蒙.txt"。

(6) 在"画图"软件中打开"D:\素材\chap2\practice\神兽.jpg"图片，把它保存为 24 位位图文件，名称为"麒麟.jpg"，并设置为桌面背景，平铺。

(7) 把"D:\素材\chap2\practice\5G 是什么"的文件夹复制到 D 盘根目录下，并利用 WinRAR 压缩软件对该文件夹进行压缩，压缩文件名为"5G 改变社会"，并设置密码为 dxjsj。

第3章　Word 2016文字处理

3.1　学习要求

(1) 掌握 Word 的启动、退出、创建、打开、保存等基本操作。

(2) 掌握文本的选定、插入、删除、复制、移动、查找、替换等基本编辑方法。

(3) 掌握字符和段落的格式化方法、文档页面设置、文档背景设置和文档分栏等基本排版方法。

(4) 掌握表格的创建与编辑、表格的属性设置、表格中数据的操作等。

(5) 掌握图文混排技术。

(6) 了解文档的保护和打印方法。

3.2　典型例题精讲

例 3-1　下面对 Word 的叙述中，正确的是(　　)。

A. Word 是一种文字处理软件　　　　B. Word 是一种电子表格

C. Word 是一种演示文稿　　　　　　D. Word 是一种数据库管理系统

【解析】Word 是一种文字处理软件，后缀扩展名为.docx；Excel 是一种电子表格，后缀扩展名为.xlsx；PowerPoint 是一种演示文稿，后缀扩展名为.pptx；Access 是一种数据库管理系统，后缀扩展名为.accdb。因此，本题答案应选 A。

【答案】A

例 3-2　在 Word 2016 的编辑状态下打开了一个文档，对文档进行了修改，并执行【保存】文档操作，则(　　)。

A. 文档被保存，并自动保存修改后的内容

B. 文档不能保存，并提示出错

C. 文档被保存，修改后的内容不能保存

D. 弹出对话框，并询问是否保存对文档的修改

【解析】在 Word 2016 的编辑状态下打开了一个文档，对文档进行了修改，并执行【保存】文档操作，则文档被保存，并自动保存修改后的内容。若执行【另存为】文档操作，则弹出对话框，并询问是否保存对文档的修改。若想保存为其他类型文件，如 PDF、RTF 格式等，可在【另存为】对话框中选择。因此，本题答案应选 A。

【答案】A

例 3-3　在 Word 2016 中,文档的视图模式会影响文档在屏幕上的显示方式。选择(　　)视图可显示文档打印的实际效果。

A. 阅读　　　　　　B. 页面　　　　　　C. 草稿　　　　　　D. 大纲

【解析】Word 2016 有 5 种视图模式,分别为阅读视图、页面视图、Web 版式视图、大纲视图、草稿视图。

阅读视图:最大特点是便于用户阅读文档。它模拟书本阅读的方式,让人感觉在翻阅书籍。

页面视图:显示的文档与打印出来的结果几乎是完全一样的,也就是"所见即所得"。文档中的页眉、页脚、分栏等显示在实际打印的位置。

Web 版式视图:一般用于创建 Web 页,它能够模拟 Web 浏览器来显示文档。在 Web 版式视图下,文本将以适应窗口的大小自动换行。

大纲视图:这种视图主要用于查看文档的结构。切换到大纲视图后,屏幕上会显示【大纲】选项卡,通过选项卡命令可以选择查看文档的标题及升降各标题的级别。

草稿视图:这种视图可以完成大多数的录入和编辑工作,也可以设置字符和段落格式,但是只能将多栏显示为单栏格式,页眉、页脚、页号、页边距等显示不出来。在草稿视图下,页与页之间使用一条虚线表示分页符,这样更易于编辑和阅读文档。

因此,本题答案应选 B。

【答案】B

例 3-4　在 Word 2016 中,选择一行文字的方法是将光标定位于待选择行的左边的选择栏,然后(　　)。

A. 单击鼠标左键　　　　　　　B. 单击鼠标右键

C. 双击鼠标左键　　　　　　　D. 双击鼠标右键

【解析】在 Word 2016 中,选择一行文字的方法是将光标定位于待选择行的左边的选择栏,待鼠标变成箭头,然后单击鼠标左键。若想选择一段文本,则将光标定位于待选择段的左边的选择栏,待鼠标变成箭头,然后双击鼠标左键。若想选择文档全部文本,可将光标定位于左边的选择栏,待鼠标变成箭头,然后鼠标左键连续单击 3 下。因此,本题答案应选 A。

【答案】A

例 3-5　保存 Word 文件的快捷键是(　　)。

A. Ctrl + V　　　　　B. Ctrl + X　　　　　C. Ctrl + S　　　　　D. Ctrl + O

【解析】Word 常用快捷键的功能如下:

Ctrl + C -----------------复制文档

Ctrl + V -----------------粘贴文档

Ctrl + X -----------------剪切文档

Ctrl + S -----------------保存文档

Ctrl + Z -----------------撤销操作

Ctrl + O -----------------打开文档

Ctrl + F -----------------查找

因此，本题答案应选 C。

【答案】C

例 3-6　在 Word 2016 中，在下列有关查找与替换的说法中，不正确的是(　　)。

A. 只能从文档的光标处向下查找与替换

B. 查找与替换时可以使用通配符 "*" 和 "?"

C. 可以对段落标记、分页符进行查找与替换

D. 查找与替换时可以区分大小写字母

【解析】这是一道关于 Word 查找和替换功能的选择题。选项 A，在查找和替换操作过程中，可从 Word 文档的光标处向上、向下或全部文档进行查找与替换。选项 B，在查找和替换过程中可以使用通配符 "*" 和 "?"。"*" 代表任意多个字符，"?" 代表任意一个字符。选项 C，可以对段落标记、分页符进行查找与替换，操作步骤是选择【开始】选项卡的【查找】命令，单击【高级查找】|【更多】|【特殊格式】按钮，在下拉列表中选择相应命令去设定。选项 D，查找替换时可以区分大小写字母。因此，本题答案应选 A。

【答案】A

例 3-7　Word 中【格式刷】可用于复制文本或段落的格式，若要将选中的文本或段落格式重复应用多次，应(　　)。

A. 单击【格式刷】　　　　　　　　B. 双击【格式刷】

C. 三击【格式刷】　　　　　　　　D. 拖动【格式刷】

【解析】一般【格式刷】命令按钮按下后是不能连续应用到目标内容上的，如果需要连续使用【格式刷】，则在选择要复制格式的内容后，双击【格式刷】按钮即可连续使用格式刷复制格式到其他内容上。当按下【格式刷】命令按钮后，鼠标指针形状变为 ⏷I，即可使用【格式刷】工具复制格式，如果需要取消该状态，可直接按下键盘上的 Esc 键，或再次单击【格式刷】命令按钮。因此，本题答案应选 B。

【答案】B

例 3-8　在 Word 2016 的编辑状态下，选择了多行多列的整个表格后，按 Del 键，则(　　)。

A. 表格中第一列被删除　　　　　　B. 整个表格被删除

C. 表格中第一行被删除　　　　　　D. 表格内容被删除，表格变为空表格

【解析】因为选择了多行多列的整个表格，也就是选择了所有行，按 Del 键后，表格内容会被删除，整个表格变为空表格。若执行【删除行】命令，则把所选定的所有行和列都删除，即删除整个表格。特别提醒，【删除行】可以删除一行、两行，甚至所有行。因此，本题答案应选 D。

【答案】D

例 3-9　Word 2016 中设置页边距的命令是(　　)。

A. 【布局】选项卡中的【页面设置】

B. 【插入】选项卡中的【页面】

C. 【视图】选项卡中的【窗口】

D. 【布局】选项卡中的【稿纸】

【解析】在【页面设置】对话框中，有多个选项卡。在【页边距】选项卡中可以设置

上、下、左、右页边距，纸张方向、页码范围等信息；切换至【纸张】选项卡，可以在【纸张大小】下拉列表框中选择纸张大小，或者自定义纸张大小，设置纸张来源和应用的范围；切换至【版式】选项卡，可以设置页眉和页脚【距边界】等；切换至【文档网格】选项卡，可以设置文字排列方向、栏数和应用范围等，当在【网格】选项组中选中【指定行和字符网格】单选按钮时，可以设置每行字符数、每页行数。因此，本题答案应选 A。

【答案】A

3.3　实 验 操 作

实验一　"隆重庆祝建党一百周年" 文档排版

1. 实验目的

(1) 掌握 Word 2016 文档的启动和退出、文档的输入和保存等方法。

(2) 熟练掌握字符的格式化方法，包括字体、字符间距、文字效果等的设置方法。

(3) 熟练掌握段落的格式化方法，包括段前和段后间距、行距、对齐方式等的设置方法。

(4) 熟练掌握字符的查找和替换方法。

(5) 掌握文章分栏的方法。

(6) 掌握图片的插入、对图片的编辑及图文混排等方法。

(7) 熟悉页码、页眉和页脚的设置与改变等排版操作。

(8) 熟悉修改文件的高级属性的方法。

2. 实验内容

打开"D: \素材\chap3\exper01\ '奋斗百年路　启航新征程' 隆重庆祝建党一百周年.docx" 文档进行编辑，编辑排版后效果如图 3-1 所示。

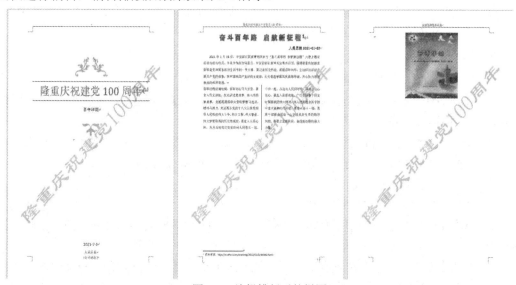

图 3-1　编辑排版后的样图

要求：

(1) 在文本前插入标题"奋斗百年路　启航新征程"。

(2) 将文本("人民日报 2021-01-25")设置段落格式为右对齐，段前、段后各 0.5 行；字体格式为小四号，宋体。

(3) 将正文中所有的"百年"字体格式设置为红色(标准色)、加粗、加着重号。

(4) 添加"隆重庆祝建党 100 周年"文字水印，设置文字字体为隶书，字号为 72，颜色为红色(标准色)，半透明，版式为斜式。

(5) 将标题段文字("奋斗百年路　启航新征程")格式设置为字符间距加宽 3 磅、二号、黑体、加粗、居中，设置文字效果为渐变文本轮廓(中等渐变-个性色 2，类型为矩形，方向为从中心)。

(6) 将正文第一段("2021 年 1 月 18 日……齐心协力开创新局面的浓厚氛围。")设置为首行缩进 2 字符，行距固定值 20 磅。

(7) 将正文第二段("百年征程波澜壮阔……奋进新征程的强大力量。")设置为行距固定值 20 磅，分为等宽的两栏，栏间加分隔线。

(8) 在文章末尾插入分页符，在第二页插入"D: \素材\chap3\exper01\百年华诞.jpg"。设置图片位置为顶端居中，四周型文字环绕；设置图片大小缩放，高度 50%，宽度 70%；设置图片颜色的饱和度为 400%。

(9) 在页面顶端插入"空白"型页眉，并将页眉设置为"奇偶页不同"，奇数页的页眉内容为"隆重庆祝中国共产党建党 100 周年"，偶数页的页眉为"祝福祖国繁荣昌盛"。在页面底端插入"普通数字 3"样式页码，设置页码编号格式为"-1-、-2-、-3-"。

(10) 在【文件】菜单下修改该文档的高级属性：作者为人民日报；单位为人民日报；主题为百年华诞。

(11) 为文档插入"花丝"封面，文档标题设为"隆重庆祝建党 100 周年"，选取日期为"2021-7-1"。

(12) 为标题"奋斗百年路　启航新征程"插入脚注，脚注内容为"资料来源：http://m.offcn.com/shizheng/2021/0125/46446.html"。

3. 实验步骤

步骤 1：在文本前插入标题"奋斗百年路　启航新征程"。

① 打开"D: \素材\chap3\exper01\'奋斗百年路　启航新征程'隆重庆祝建党一百周年.docx"文档进行编辑。

② 将光标移到文档首行的行首，按下 Enter 键，这样就在文档的首行前插入了一行空行。

③ 将插入点切换到空行行首，输入标题"奋斗百年路　启航新征程"。

步骤 2：设置副标题格式。

① 选中文本"人民日报 2021-01-25"。

② 单击【开始】选项卡中【段落】功能组右下角的对话框启动器按钮，弹出【段落】对话框。

③ 选择【缩进和间距】选项卡，在【常规】选项组的【对齐方式】下拉框中选择"右对齐"；在【间距】选项组中设置【段前】为"0.5 行"，【段后】为"0.5 行"，如图 3-2 所示。

④ 单击【字体】功能组右下角的对话框启动器按钮，弹出【字体】对话框。

⑤ 选择【字体】选项卡中的【字号】为"小四"，【中文字体】为"宋体"。

步骤 3：查找和替换。

① 选择正文文本（"2021 年 1 月 18 日……奋进新征程的强大力量。"）。

② 单击【开始】|【编辑】功能组中的【替换】按钮，弹出【查找和替换】对话框。

③ 在【查找内容】文本框中输入"百年"，在【替换为】文本框中输入"百年"。

④ 单击【更多】按钮，在【替换】选项卡中单击【格式】下拉按钮，从下拉列表框中选择【字体】命令，弹出【替换字体】对话框。

⑤ 选择【字体】选项卡，设置【字体颜色】为"红色(标准色)"，选择【字形】为"加粗"，【着重号】为"."，如图 3-3 所示。单击【确定】按钮，返回到【查找和替换】对话框。

图 3-2　【段落】对话框

图 3-3　【查找和替换】对话框

⑥ 单击【全部替换】按钮，在弹出的提示框中选择【否】。

⑦ 关闭【查找和替换】对话框即可。

步骤 4：添加文字水印效果，并设置格式。

① 单击【设计】|【页面背景】功能组中的【水印】下拉按钮，在下拉列表中选择【自定义水印】，弹出【水印】对话框。

② 选中【文字水印】单选按钮，在【文字】文本框中输入"隆重庆祝建党 100 周年"，选择【字体】为"隶书"，【字号】为"72"，【颜色】为"红色(标准色)"，勾选"半透明"复选框，在【版式】中单击"斜式"按钮，如图 3-4 所示。

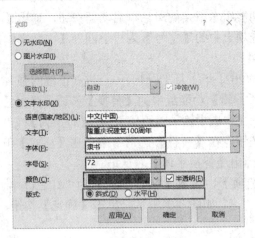

图 3-4　【水印】对话框

③ 单击【确定】按钮。

步骤 5：设置标题段文字效果。

① 选中标题段文字"奋斗百年路 启航新征程"。

② 单击【开始】选项卡中【字体】功能组右下角的对话框启动器按钮，弹出【字体】对话框。

③ 在【高级】选项卡的【字符间距】选项组中设置【间距】为"加宽"，【磅值】为"3磅"。

④ 在【字体】选项卡中选择【字号】为"二号"，【中文字体】为"黑体"，【字形】为"加粗"。

⑤ 单击【文字效果】按钮，弹出【设置文本效果格式】对话框，单击【文本填充】|【渐变填充】单选按钮，在【预设渐变】下拉列表中选择"中等渐变-个性色2"，选择【类型】为"矩形"，【方向】为"从中心"，如图 3-5 所示。单击【确定】按钮，返回到【字体】对话框。

图 3-5　【设置文本效果格式】对话框

⑥ 单击【确定】按钮，关闭【字体】对话框。

⑦ 单击【开始】|【段落】功能组中的居中按钮 ≡，使文本居中对齐。

步骤 6：设置正文第一段格式。

① 选择正文第一段文本("2021 年 1 月 18 日……齐心协力开创新局面的浓厚氛围。")。

② 单击【开始】选项卡中【段落】功能组右下角的对话框启动器按钮，弹出【段落】对话框。

③ 选择【缩进和间距】选项卡的【缩进】选项组中【特殊】为"首行"，【缩进值】为"2 字符"；在【间距】选项组中设置【行距】为"固定值"，【设置值】为"20 磅"，如图 3-6 所示。

④ 单击【确定】按钮，关闭【段落】对话框。

步骤 7：设置正文第二段格式。

① 选择正文第二段文本("百年征程波澜壮阔……奋进新征程的强大力量。")。

② 单击【开始】选项卡中【段落】功能组右下角的对话框启动器按钮，弹出【段落】对话框。

图 3-6　【段落】对话框

③ 在【缩进和间距】选项卡的【间距】选项组中设置【行距】为"固定值"，【设置值】为"20 磅"。

④ 单击【确定】按钮，关闭【段落】对话框。

⑤ 单击【布局】|【页面设置】功能组中的【分栏】下拉按钮，在下拉列表中，选择【更多分栏】，弹出【分栏】对话框，如图 3-7 所示。

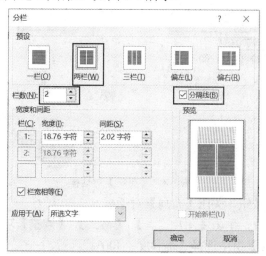

图 3-7　【分栏】对话框

⑥ 设置【栏数】为"2"，勾选"分隔线"复选框，其他默认设置，单击【确定】按钮，关闭【分栏】对话框。

步骤 8：在文章末尾插入分页符，并设置图片格式。

① 将光标定位至文章末尾。

② 单击【布局】|【页面设置】功能组中的【分隔符】下拉按钮，在下拉列表中单击【分页符】。

③ 将光标定位到第二页，单击【插入】|【插图】功能组中【图片】命令按钮，打开【图片】窗口，找到"D:\素材\chap3\exper01"文件夹内的图片"百年华诞.jpg"，即可把"百年华诞.jpg"插入到 Word 文档中。

④ 选中插入的图片，单击【图片工具】|【格式】|【排列】功能组中的【位置】下拉按钮，选择【文字环绕】组中的"顶端居中，四周型文字环绕"。

⑤ 选中插入的图片，单击【图片工具】|【格式】|【大小】功能组中的右下角的对话框启动器按钮，弹出【布局】对话框。

⑥ 在【大小】选项卡的【缩放】选项组中取消"锁定纵横比"复选框，【高度】设为"50%"，【宽度】设为"70%"。如图 3-8 所示。

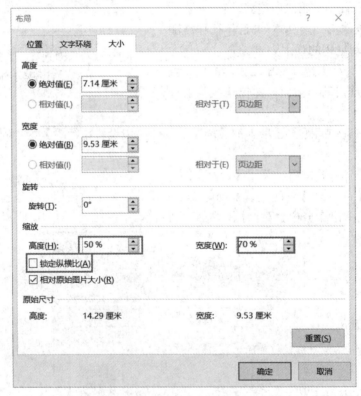

图 3-8　【布局】对话框

⑦ 单击【确定】按钮，关闭【布局】对话框。

⑧ 选中插入的图片，单击【图片工具】|【格式】|【调整】功能组中的【颜色】下拉按钮，在【颜色饱和度】组中选择"饱和度：400%"。

步骤 9：设置页眉、页脚格式。

① 单击【插入】|【页眉和页脚】功能组中的【页眉】下拉按钮，在下拉列表中选择【内置】下的"空白"。

② 在【页眉和页脚工具】|【设计】选项卡的【选项】功能组中，勾选"奇偶页不同"复选框。

③ 将鼠标光标置于奇数页页眉中，输入页眉内容为"隆重庆祝中国共产党建党 100 周年"。

④ 将鼠标光标置于偶数页页眉中，输入页眉内容为"祝福祖国繁荣昌盛"。

⑤ 单击【关闭】组中的【关闭页眉和页脚】按钮。

⑥ 单击【插入】|【页眉和页脚】功能组中的【页码】下拉按钮，在下拉列表中选择|【页面底端】|【普通数字3】。

⑦ 单击【页眉和页脚工具】|【设计】|【页眉和页脚】功能组中【页码】下拉按钮，在下拉列表中选择【设置页码格式】，弹出【页码格式】对话框，设置【编号格式】为"-1-、-2-、-3-"，如图 3-9 所示。

⑧ 单击【确定】按钮，关闭【页码格式】对话框。

步骤 10：修改文档高级属性。

① 单击窗口左上角的【文件】，在弹出的菜单中选择【信息】，在【信息】区域中单击【属性】下拉列表中的【高级属性】，弹出【属性】对话框。

② 选择【摘要】选项卡，设置【作者】为"人民日报"，【单位】为"人民日报"，【主题】为"百年华诞"，如图 3-10 所示。

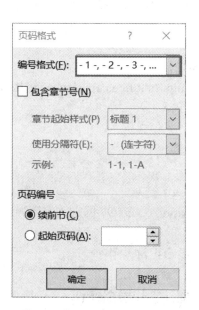

图 3-9　【页码格式】对话框

图 3-10　【属性】对话框

③ 单击【确定】按钮，关闭【属性】对话框。

步骤 11：添加文档封面。

① 单击【插入】|【页面】功能组中的【封面】下拉按钮。

② 在下拉列表中选择【内置】|"花丝"封面，如图 3-11 所示。

图 3-11　【插入封面】窗口

③ 在封面中，单击【文档标题】，输入"隆重庆祝建党 100 周年"。

④ 单击【日期】文本框的下拉按钮，在弹出的列表中选择日期"2021-7-1"。

步骤 12：为标题插入脚注。

① 选中标题"奋斗百年路 启航新征程"。

② 单击【引用】|【脚注】功能组中的【插入脚注】按钮。

③ 在鼠标光标处输入文字"资料来源：http://m.offcn.com/shizheng/2021/0125/46446.html"。

扩展知识：

有时 Word 添加脚注后正文跑到下一页。解决步骤如下：

① 单击【文件】|【选项】。

② 在打开的【Word 选项卡】中的左侧选择【高级】选项。

③ 选择右侧【兼容性选项】的子内容中的"按 word 6.x/95/97 的方式安排脚注"，勾选该内容。

④ 单击【确定】按钮后，添加脚注的正文即可显示正常。

实验二　"2013—2016 脱贫人口数"表格操作

1. 实验目的

(1) 掌握 Word 2016 表格的建立方法。

(2) 掌握 Word 2016 表格的编辑方法。

(3) 掌握 Word 2016 表格工具栏的使用方法。

(4) 掌握 Word 2016 表格的格式化方法。

(5) 掌握 Word 2016 表格的公式计算方法。

2. 实验内容

创建如图 3-12 所示的表格。

2013—2016年脱贫人口数

年份	脱贫人口数 /万人	剩余农村贫困人口 /万人	当年脱贫比例
2013 年	1650	8249	16.67%
2014 年	1232	7017	14.94%
2015 年	1442	5575	20.55%
2016 年	1240	4335	22.24%

图 3-12　编辑排版后的表格

要求：

(1) 在 D 盘新建一个名为"2013—2016 年脱贫人口数.docx"的文档，打开文档，在该文档中插入一个 5 行 3 列的表格，并输入如图 3-13 所示内容。

年份	脱贫人口数　　/万人	剩余农村贫困人口 /万人
2013 年	1650	8249
2014 年	1232	7017
2015 年	1442	5575
2016 年	1240	4335

图 3-13　表格原始内容

(2) 为表格插入表标题："2013—2016 年脱贫人口数"，标题格式设置为小二号，加粗，华文楷体，居中。文字效果格式为渐变文本填充(中等渐变-个性色 2，类型为线性，方向为线性对角-左上到右下)。

(3) 在表格最右边插入一列，输入列标题"当年脱贫比例"，并计算出当年脱贫比例。公式为脱贫人口数 / (脱贫人口数 + 剩余农村贫困人口) × 100，编号格式设为 0.00%。

(4) 设置表格外框线为 1.5 磅、深红色(标准色)、双窄线，内框线为 1.0 磅、深红色(标准色)、单实线。设置第一行底纹图案样式为浅色下斜线，颜色为"金色，个性色 4，淡色 40%"。

(5) 设置表格中的文字格式为小四号，宋体。表格居中，表格列宽为 3.8 厘米，表格中文字水平居中。

3. 实验步骤

步骤 1：新建文档，并插入表格，输入数据。

① 双击 D 盘，在内容空白区里单击右键，在弹出的快捷菜单中选择【新建】|【Microsoft Word 文档】，输入文件名"2013—2016 年脱贫人口数.docx"。

② 双击打开"2013—2016 年脱贫人口数.docx"文档，单击【插入】|【表格】功能组

中的【表格】下拉按钮，在【插入表格】组中选择 5 行 3 列。

③ 在新建的表格中输入图 3-13 所示的内容。提示：可按 Tab 键切换单元格。

步骤 2：为表格插入表标题，并设置标题格式。

① 将光标定位于表格第一行第一列单元格中，然后按 Enter 键，在表格上方出现的空行中输入表标题"2013—2016 年脱贫人口数"。

② 选中表标题，单击【开始】选项卡中【字体】功能组右下角的对话框启动器按钮，弹出【字体】对话框。

③ 选择【字体】选项卡中的【字号】为"小二"，【中文字体】为"华文楷体"，【字形】为"加粗"。

④ 单击【文字效果】按钮，弹出【设置文本效果格式】对话框，如图 3-14 所示，单击【文本填充】|【渐变填充】单选按钮，在【预设渐变】下拉列表中选择"中等渐变-个性色 2"，选择【类型】为"线性"，【方向】为"线性对角-左上到右下"。单击【确定】按钮，返回到【字体】对话框。

图 3-14　【设置文本效果格式】对话框

⑤ 单击【确定】按钮，关闭【字体】对话框。

⑥ 单击【开始】|【段落】功能组中的居中按钮 ≡ ，使文本居中对齐。

步骤 3：在表格最右边插入列，并应用公式计算。

① 选中表格最后一列中的任一单元格，单击【表格工具】|【布局】选项卡的【行和列】功能组中的【在右侧插入】按钮。然后在新增的一列的第一行单元格中输入列标题"当年脱贫比例"。

② 选中表格的第二行第四列单元格，单击【表格工具】|【布局】选项卡的【数据】功能组中的【公式】按钮，弹出【公式】对话框。

③ 在【公式】文本框中输入"=B2/SUM(LEFT)*100"，选择【编号格式】为"0.00%"，如图 3-15 所示。

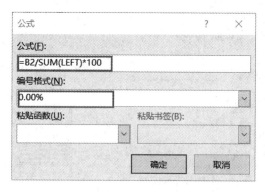

图 3-15　【公式】对话框

说明：公式中的 B2 代表第二行第二列的值；公式中的 SUM(LEFT)表示当前单元格左侧数值的和。

④ 单击【确定】按钮，关闭【公式】对话框。

⑤ 同理，计算最后一列其他单元格的值。提示：公式中的 B2 代表第二行第二列的值，如果第三行第二列的单元格符号是 B3，第四行第二列的单元格符号是 B4，在公式中要根据实际情况应用公式。

步骤 4：设置表格内外边框，并设置底纹。

① 选中表格，单击【表格工具】|【设计】选项卡中【边框】功能组右下角的对话框启动器按钮，弹出【边框和底纹】对话框。

② 在【边框】选项卡的【设置】选项组中选择【方框】，设置【样式】为"双窄线"，【颜色】为"深红色(标准色)"，【宽度】为"1.5 磅"，如图 3-16 所示。然后，在【设置】选项组中选择【自定义】，设置 【样式】为"单实线"，【颜色】为"深红色(标准色)"，【宽度】为"1.0 磅"。在【预览】区中单击表格中心位置，如图 3-17 所示。

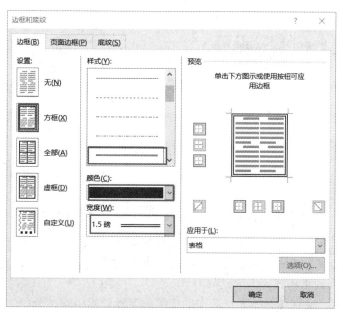

图 3-16　【边框和底纹】对话框

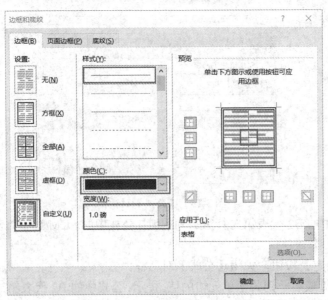

图 3-17　【边框和底纹】对话框

③ 单击【确定】按钮，关闭【边框和底纹】对话框。

④ 选中表格的第一行，单击【表格工具】|【设计】|【边框】功能组右下角的对话框启动器按钮，弹出【边框和底纹】对话框。

⑤ 在【底纹】选项卡的【图案】选项组中选择【样式】为"浅色下斜线"，【颜色】为"金色，个性色 4，淡色 40%"，如图 3-18 所示。

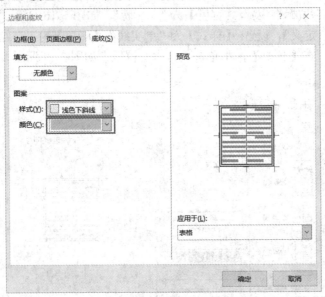

图 3-18　【边框和底纹】对话框

⑥ 单击【确定】按钮，关闭【边框和底纹】对话框。

步骤 5：设置表格格式。

① 选中表格，选择【开始】选项卡的【字体】功能组中字体为"宋体"，字号为"小四"。单击【段落】功能组中的"居中"按钮。

② 选中表格，单击【表格工具】|【布局】|【单元格大小】功能组右下角的对话框启动器按钮，弹出【表格属性】对话框。

③ 单击【列】选项卡，勾选"指定宽度"复选框，设置其值为"3.8 厘米"，如图 3-19 所示。

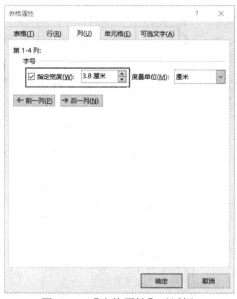

图 3-19　【表格属性】对话框

④ 单击【确定】按钮，关闭【表格属性】对话框。

⑤ 选中表格，单击【表格工具】|【布局】|【对齐方式】功能组中的"水平居中"按钮，使表格中的文字水平居中。

步骤 6：完成该实验后，将"2013—2016 年脱贫人口数.docx"文件保存至"D: \素材\chap3\exper02"文件夹中。

实验三　Word 2016 高级应用

1. 实验目的

(1) 掌握在 Word 2016 文档中创建样式的方法。

(2) 掌握在 Word 2016 文档中设置分页的方法。

(3) 掌握在 Word 2016 文档中设置页眉和页脚的方法。

(4) 掌握在 Word 2016 文档中提取目录的方法。

2. 实验内容

本案例要求对"D:\素材\chap3\exper03\怎样预防新型冠状病毒.docx"文档进行排版，以便各章、各级标题以及正文都能以统一的格式有序排列，并增加页眉、页脚等元素，使文章更加专业和美观。

要求：

(1) 创建标题、段落及正文的自定义样式，并根据需要设置大纲级别。

(2) 应用样式。

（3）使用分页符设置文本格式。

（4）插入页码、页眉和页脚。

（5）提取目录。

3. 实验步骤

步骤 1：创建标题、段落及正文的自定义样式。

① 选择文本"摘要"，单击【开始】选项卡下的【样式】功能组右下角的对话框启动器按钮，弹出【样式】对话框。

② 在【样式】对话框中单击底部左下角的"新建样式"按钮，如图 3-20 所示。弹出【根据格式化创建新样式】对话框。

图 3-20　【样式】对话框

③ 在【属性】选项组中设置【名称】为"章标题"，在【格式】选项组中选择"黑体""三号"，单击"加粗""居中"按钮，如图 3-21 所示。

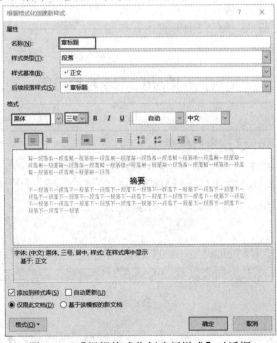

图 3-21　【根据格式化创建新样式】对话框

④ 单击左下角的【格式】下拉按钮，在弹出的下拉列表中选择【段落】，弹出【段落】对话框。

⑤ 在【缩进和间距】选项卡的【常规】选项组中，选择【对齐方式】为"居中"，【大纲级别】为"1 级"，在【间距】选项组中设置【段前】为"1 行"，【段后】为"2 行"，【行距】为"固定值"，【设置值】为"20 磅"，如图 3-22 所示。

⑥ 单击【确定】按钮，关闭【段落】对话框。

⑦ 返回【根据格式化创建新样式】对话框，在预览窗口中可以看到设置的效果和设置的信息，如图 3-23 所示。单击【确定】按钮。

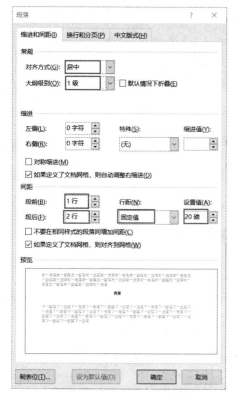

图 3-22　【段落】对话框

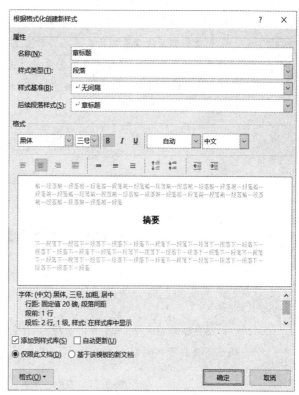

图 3-23　预览设置样式

⑧ 用同样的方法，为节标题创建自定义样式。选择文本"2.1 不参加各类公共活动"为其设置新样式，并命名为"节标题"，在【格式】选项组中选择字体为"楷体"，字号为"四号"，并在【段落】对话框的【常规】选项组中设置【对齐方式】为"两端对齐"，【大纲级别】为"2 级"，在【间距】选项组中设置【段前】为"1 行"，【段后】为"1 行"，【行距】为"固定值"，【设置值】为"20 磅"。

⑨ 用同样的方法，为正文创建自定义样式。选择"摘要"中的正文文本为其设置新样式，并命名为"正文标题"，在【格式】选项组中设置字体为"楷体"，字号为"小四"，并在【段落】对话框的【常规】选项组中选择【对齐方式】为"两端对齐"，【大纲级别】为"正文文本"，在【缩进】选项组中设置【特殊格式】为"首行"，【缩进值】为"2 字符"，在【间距】选项组中设置【行距】为"固定值"，【设置值】为"20 磅"。

步骤 2：应用样式。

创建好样式后，就可以在相同级别的文本中应用相应的样式。

① 选择"第一章　工具/原料"文本，选择【样式】窗格中的【章标题】，即可将选择的文本设置为【章标题】格式。

② 用同样的方法对其余的【章标题】、【节标题】、【正文标题】进行设置，效果如图 3-24 表示。

摘要↵

　　　武汉新型冠状病毒开始蔓延后，举国上下积极采取预防措施。这场"新型冠状病毒疫情防御战"，不仅是国家的责任，更是每个公民的责任，作为一名普通公民，要从自我做起，积极学习预防知识，从细节上预防病毒，就是爱国的具体表现。↵

第一章　工具/原料↵

消毒液、香皂、口罩、一次性医用手套等↵

第二章　公众预防病毒措施↵

2.1 不参加各类公共活动↵

　　　防疫情非常时期，减少外出活动，不外出游玩、不参加各类聚会，不到商场、娱乐等公共场所活动。↵

图 3-24　应用各级标题样式的效果

步骤 3：使用分页符设置文本格式。

① 将光标放在"摘要"中文本"从细节上预防病毒，就是爱国的具体表现。"后面。

② 单击【布局】|【页面设置】功能组中的【分隔符】下拉按钮，在弹出的下拉列表中选择【分页符】，光标后的文本就会移到下一页。

③ 用同样的方法对其他文本进行分页。

步骤 4：插入页眉、页脚和页码。

① 单击【插入】|【页眉和页脚】功能组中的【页眉】下拉按钮，在下拉列表中选择【内置】下的【空白】。

② 在提示"在此处键入"中直接输入页眉内容"怎样预防新型冠状病毒"。

③ 单击【关闭】功能组中的【关闭页眉和页脚】按钮。

④ 单击【插入】|【页眉和页脚】功能组中的【页码】下拉按钮，在下拉列表中选择【页面底端】|【普通数字 3】。

⑤ 在【页眉和页脚工具】|【设计】|【选项】功能组中勾选【首页不同】复选框。

⑥ 把光标定位于“摘要”的页码位置，单击【页眉和页脚工具】|【设计】|【页眉和页脚】功能组中的【页码】下拉按钮，在下拉列表中选择【设置页码格式】，弹出【页码格式】对话框，设置【编号格式】为“-1-、-2-、-3-”，【页码编号】选项组中的【起始页码】设为“-1-”。

⑦ 单击【确定】按钮，关闭【页码格式】对话框。

步骤 5：提取目录。

① 将光标放在“摘要”前，单击【布局】|【页面设置】|【分隔符】下拉按钮，在弹出的下拉列表中选择【分节符】组中的【下一页】。

② 在空白页的顶端输入“目录”，并设置成【章标题】样式。

③ 单击【引用】|【目录】功能组中的【目录】下拉按钮，在弹出的下拉列表中选择【自定义目录】选项，弹出【目录】对话框。

④ 在【目录】选项卡下的【常规】选项组中，设置【格式】为“来自模板”，【显示级别】为“3”。

⑤ 对生成的目录进行调整，最终效果如图 3-25 所示。

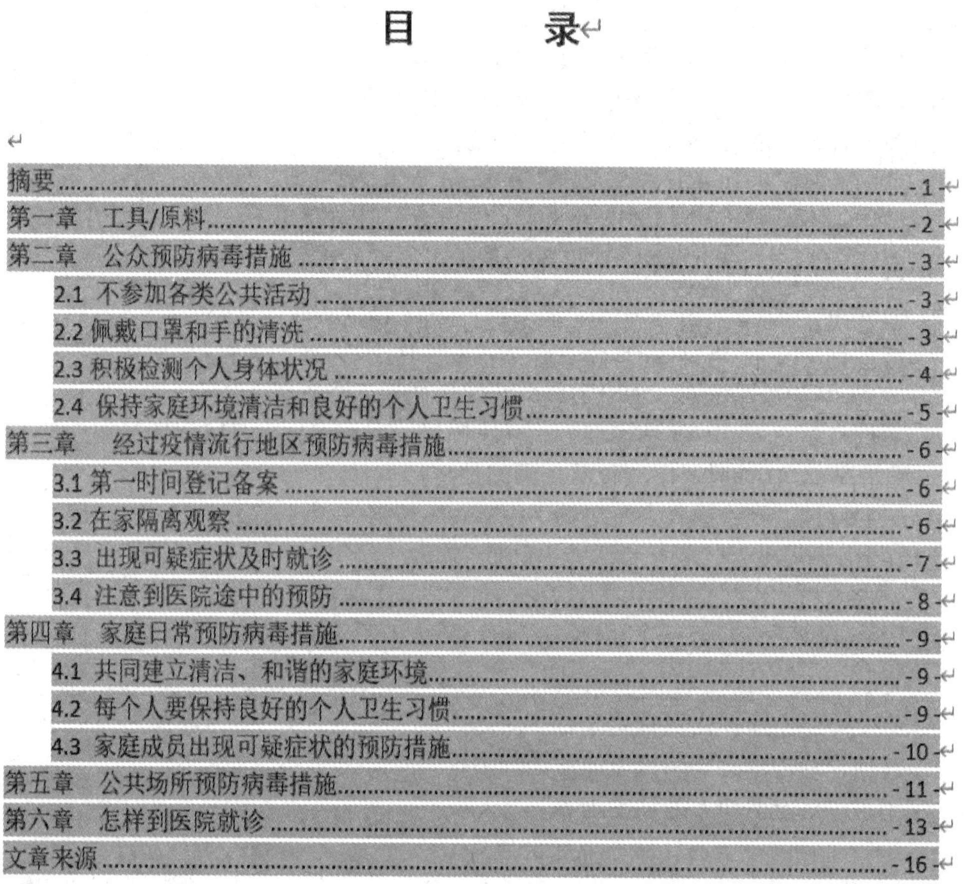
目　　录

摘要 .... - 1 -
第一章　工具/原料 .... - 2 -
第二章　公众预防病毒措施 .... - 3 -
2.1 不参加各类公共活动 .... - 3 -
2.2 佩戴口罩和手的清洗 .... - 3 -
2.3 积极检测个人身体状况 .... - 4 -
2.4 保持家庭环境清洁和良好的个人卫生习惯 .... - 5 -
第三章　经过疫情流行地区预防病毒措施 .... - 6 -
3.1 第一时间登记备案 .... - 6 -
3.2 在家隔离观察 .... - 6 -
3.3 出现可疑症状及时就诊 .... - 7 -
3.4 注意到医院途中的预防 .... - 8 -
第四章　家庭日常预防病毒措施 .... - 9 -
4.1 共同建立清洁、和谐的家庭环境 .... - 9 -
4.2 每个人要保持良好的个人卫生习惯 .... - 9 -
4.3 家庭成员出现可疑症状的预防措施 .... - 10 -
第五章　公共场所预防病毒措施 .... - 11 -
第六章　怎样到医院就诊 .... - 13 -
文章来源 .... - 16 -

图 3-25　设置好的目录样式

3.4　习　　题

一、选择题

1. Word 文档以(　　)为扩展名的形式存放在磁盘中。

A. .docx　　　　　　B. .xlsx　　　　　　C. .pptx　　　　　　　　D. .pdf

2. 在 Word 2016 主窗口呈最大化显示时，该窗口的右上角可以同时显示的按钮是(　　)按钮。

A. 最小化、还原、最大化　　　　　B. 还原、最大化和关闭

C. 最小化、还原和关闭　　　　　　D. 还原和最大化

3. 如想保存 Word 窗口，可在主窗口中单击【文件】，然后单击下拉菜单中的(　　)命令。

A. 【关闭】　　　B. 【退出】　　　C. 【发送】　　　　　D. 【保存】

4. 在 Word 2016 中，若打开了 A.doc 和 B.doc 两个文档，但未做任何修改，当前活动窗口为 A.doc 文档的窗口，单击【文件】菜单中【关闭】命令，则(　　)。

A. 只关闭 A.doc 文档，退出 Word 主窗口

B. 关闭 A.doc 文档，不关闭 B.doc 文档

C. 关闭 A.doc 和 B.doc 文档，退出 Word 主窗口

D. 关闭 A.doc 和 B.doc 文档，不退出 Word 主窗口

5. 在 Word 2016 的(　　)视图方式下，可以显示分页效果。

A. 阅读　　　　　B. 页面　　　　　C. Web 版式视图　　　D. 大纲

6. 在 Word 2016 中，如果建立了分栏，要查看分栏效果，可以选择(　　)。

A. 阅读视图　　　B. 页面视图　　　C. 大纲视图　　　　　D. 草稿视图

7. 在 Word 2016 中，(　　)用于控制文档在屏幕上的显示大小。

A. 全屏显示　　　B. 显示比例　　　C. 标尺　　　　　D. 页面显示

8. 编辑 Word 文档时，下列说法正确的是(　　)。

A. 按 Del 键，删除插入点左边的字符

B. 按 Backspace 键，删除插入点右边的字符

C. 对选中的字符，只能按 Backspace 键删除所选字符

D. 对选中的字符，按 Del 键删除所选字符

9. 关于 Word 选定文本内容的操作，下列叙述中不正确的是(　　)。

A. 在文本选定区单击可选定一行

B. 任何一块内容总能用拖曳的方法选中

C. 不可以选定两块不连续的内容

D. 编辑菜单的"全选"命令可选定全文

10. 在 Word 2016 中，选择一段文字的方法是将光标定位于待选择段的左边的选择栏，然后(　　)。

A. 单击鼠标左键　　　　　　　　 B. 单击鼠标右键

C. 双击鼠标左键　　　　　　　　 D. 双击鼠标右键

11. 在 Word 2016 中选定一个句子的方法是(　　　)。

A. 按住 Ctrl 键同时双击句中任意位置

B. 按住 Ctrl 键同时单击句中任意位置

C. 单击该句中任意位置

D. 双击该句中任意位置

12. 进行复制操作的快捷键是(　　)。

A. Ctrl + C　　　　 B. Ctrl + V　　　　 C. Ctrl + X　　　　 D. Ctrl + S

13. 撤销最后一个操作，可以使用快捷键(　　)。

A. Shift + X　　　　 B. Shift + Y　　　　 C. Ctrl + W　　　　 D. Ctrl + Z

14. 在 Word 2016 中，如果使用了项目符号或编号，则项目符号或编号在(　　)时会自动出现。

A. 每次按回车键　　　　　　　　 B. 按 Tab 键

C. 一行文字输入完毕并按回车键　　 D. 文字输入超过右边界

15. 在 Word 2016 文档中，把光标移动到文件尾部的快捷键是(　　)。

A. Ctrl + End　　　　　　　　　 B. Ctrl + PageDown

C. Ctrl + Home　　　　　　　　　 D. Ctrl + PageUp

16. 在 Word 2016 中，可利用(　　)选项卡中的【查找】命令查找指定的内容。

A. 【文件】　　 B. 【开始】　　 C. 【插入】　　 D. 【视图】

17. 在 Word 2016 中，将文档中原来有的一些相同的文本替换成其他内容，采用(　　)方式会更方便。

A. 替换　　　　 B. 重新输入　　　 C. 复制　　　　 D. 查找

18. 在执行【查找】命令时，查找内容为 Esc，如果选择了(　　)复选框，那么 Escape 将不会被查找到。

A. 全字匹配　　 B. 使用通配符　　 C. 区分大小写　　 D. 区分全/半角

19. 在编辑 Word 时，文字下面有红色波浪线表示(　　)。

A. 已修改过的文档

B. 对输入的确认

C. 可能是拼写错误

D. 可能是语法错误

20. 在 Word 2016 的【字体】对话框中，可以设置文字的(　　)。

A. 左侧缩进　　 B. 段前间距　　 C. 删除线　　　 D. 行距

21. 在 Word 2016 中，如果要为选取的文档内容加上删除线，可使用(　　)对话框。

A. 【字体】　　 B. 【段落】　　 C. 【制表位】　　 D. 【样式】

22. 在 Word 2016 的【段落】对话框中，不可以设置段落的(　　)。

A. 段中字的大小　 B. 行间距　　　 C. 首行缩进　　 D. 大纲级别

23. 在 Word 2016 中，进行页面设置的第一步操作是(　　)。

A. 单击【文件】菜单　　　　　　 B. 单击【开始】选项卡

C. 单击【设计】选项卡　　　　　　　　D. 单击【布局】选项卡

24. Word 2016 具有分栏功能，下列关于分栏的说法中不正确的是(　　)。

A. 最多可以设 3 栏　　　　　　　　　　B. 各栏之间可以加分割线

C. 各栏的宽度可以不同　　　　　　　　D. 各栏之间的间距可以不同

25. 下列选项中，对 Word 中撤销操作描述正确的是(　　)。

A. 不能方便地撤销已经做过的编辑操作

B. 能方便地撤销已经做过的一定数量的编辑操作

C. 能方便地撤销已经做过的任何数量的编辑操作

D. 不能撤销已做过的编辑操作，也不能恢复

26. 在 Word 2016 中，如果用户错误地删除了文本，可以单击常用工具栏中的(　　)
按钮将被删除的文本恢复。

A. 撤销　　　　　B. 粘贴　　　　　　C. 剪切　　　　　　D. 复制

27. 在 Word 2016 中查找和替换正文时，若操作错误则(　　)。

A. 必须手动恢复　　　　　　　　　B. 可用"撤销"来恢复

C. 有时可恢复，有时就无可挽回　　D. 无可挽回

28. 在 Word 2016 中，用拖放鼠标方式进行复制时，需要在(　　)的同时，拖动所选对
象到新的位置。

A. 按 Ctrl 键　　　B. 按 Shift 键　　　C. 按 Alt 键　　　D. 不按任何键

29. 用鼠标拖动的方式进行文本移动，就是要对所选文本(　　)拖动鼠标到新的位置。

A. 按住 Shift 键的同时　　　　　　B. 按住 Alt 键的同时

C. 按住 Ctrl 键的同时　　　　　　D. 不按任何键

30. 下列选项中，对 Word 表格的叙述错误的是(　　)。

A. 表格中的数据可以进行公式计算　　　B. 表格中的文本只能垂直居中

C. 可对表格中的数据进行排序　　　　　D. 可对表格中的数据汇总

31. 在 Word 2016 的表格中，按(　　)键可以将光标移到下一个单元格。

A. Shift + Enter　　　B. Alt　　　　　C. Tab　　　　　D. Enter

32. 在 Word 2016 中，关于表格自动套用格式的用法，以下说法正确的是(　　)。

A. 只能直接用自动套用格式生成表格

B. 可在生成新表时使用自动套用格式或插入表格的基础上使用自动套用格式

C. 每种自动套用的格式已经固定，不能对其进行任何形式的更改

D. 在套用一种格式后，不能再更改为其他格式

33. 在 Word 2016 中，如果当前光标在表格中某行的最后一个单元格的外框线上，按
回车键后，(　　)。

A. 光标所在行加高　　　　　　　　B. 光标所在列加宽

C. 在光标所在行下增加一行　　　　D. 删除光标所在行

34. 在 Word 2016 中，图片的文字环绕方式不包括(　　)。

A. 上下型环绕　　　　　　　　　　B. 左右型环绕

C. 嵌入型环绕　　　　　　　　　　D. 穿越型环绕

35. 调整图片的大小可以用鼠标拖动图片四周任一控制点来实现，但只有拖动(　　)

控制点才能使图片等比例缩放。

A. 四角　　　B. 中心　　　C. 上　　　　D. 下

36. 在 Word 2016 中，只选定一段两端对齐文字中的几个字符，然后单击【居中】按钮，则(　　)。

A. 整个段落均变成居中格式　　　　　B. 只有被选定的文字变成居中格式

C. 整个文档变成居中格式　　　　　　D. 格式不变，操作无效

37. 在 Word 2016 中，首字下沉可以通过(　　)选项卡来实现。

A.【开始】　　　B.【设计】　　　C.【插入】　　　　D.【布局】

38. 在 Word 2016 中，垂直标尺出现在 Word 工作区的(　　)。

A. 左侧　　　　　B. 顶部　　　　　C. 右侧　　　　　D. 底部

39. 在 Word 2016 中，艺术字是通过(　　)选项卡中的【艺术字】命令建立的。

A.【开始】　　　B.【设计】　　　C.【插入】　　　　D.【视图】

40. 在 Word 文档中，【插入】选项卡中的【书签】命令是用来(　　)的。

A. 快速浏览文档　　　　　　　　　　B. 快速定位文档

C. 快速移动文本　　　　　　　　　　D. 快速复制文档

41. 在 Word 编辑状态下，选择了某段文本，若在【段落】对话框中设置行距为 18 磅的格式，则应当选择"行距"列表框中的(　　)。

A. 单倍行距　　　B. 1.5 倍行距　　　C. 固定值　　　D. 多倍行距

42. 在 Word 2016 中，如果想为文档加上页眉和页脚，可使用(　　)选项卡中的【页眉和页脚】功能组。

A.【插入】　　　B.【设计】　　　　C.【视图】　　　　D.【布局】

43. 关于编辑 Word 的页眉、页脚，下列叙述不正确的是(　　)。

A. 文档内容和页眉、页脚可以在同一窗口编辑

B. 文档内容和页眉、页脚一起打印

C. 页眉、页脚编辑时不能编辑文档内容

D. 页眉、页脚中也可以插入剪贴画

44. 在 Word 的文档中，每个段落都有自己的段落标记，段落标记的位置在(　　)。

A. 段落的首部　　　　　B. 段落的中间

C. 段落的结尾处　　　　D. 段落的每一行

45. 在 Word 编辑状态下，给当前打开的文档加上页码，应使用的选项卡是(　　)。

A.【开始】　　　B.【插入】　　　C.【设计】　　　D.【布局】

46. 在 Word 文档中输入复杂的数学公式，执行(　　)命令。

A.【插入】选项卡中的【公式】　　　B.【插入】选项卡中的【符号】

C.【插入】选项卡中的【艺术字】　　D.【插入】选项卡中的【对象】

47. 在 Word 2016 中，如果要在文档中选定的位置添加另一个 DOC 文件的全部内容，可使用【插入】选项卡中的(　　)命令。

A.【数字】　　　B.【文本框】　　　C.【对象】　　　D.【文件】

48. 在 Word 文档中插入图片后，不可以进行的操作是(　　)。

A. 删除　　　B. 剪裁　　　　　C. 缩放　　　D. 编辑

49. 在 Word 2016 中，要将页面大小规格由默认的 A4 改为 A3，应选择【页面设置】功能组中的( )选项卡。

　　A.【页边距】　　　　　　B.【文档网格】　　　　　C.【布局】　　　　　　D.【纸张】

50. 在 Word 2016 中，下列关于设置保护密码的说法正确的一项是( )。

　　A. 在设置保护密码后，每次打开该文档时都要输入密码

　　B. 在设置保护密码后，每次打开该文档时都不要输入密码

　　C. 设置保护密码后，执行【文件】菜单的【保存】命令

　　D. 保护密码是不可以取消的

二、操作题

(1) 打开"D:\素材\chap3\practice\'脱贫攻坚重大成就.docx"文档进行编辑，编辑排版后效果如图 3-26 所示。

图 3-26　编辑排版后的样稿

要求：

① 文本前插入标题"脱贫攻坚重大成就"。

② 设置文本("发布人：王尚武　来源：国家统计局网站")段落格式为居中对齐，段前、段后各 0.5 行，字体格式为小四号、宋体。

③ 将正文中所有的"幅频"替换为"扶贫"，设置字体格式为"橙色，个性色 6，深色 25%"、加着重号。

④ 添加图片水印，图片在"D:\素材\chap3\practice\精准扶贫精准脱困.png"，冲蚀效果。

⑤ 将标题段文字("脱贫攻坚重大成就")格式设置为字符间距加宽 4 磅、字号为二号、字体为楷体、加粗、居中，颜色为茶色，背景 2，深色 50%；文字效果设置为"发光/发光变体：发光，18 磅；红色，主题色 2"，透明度 70%。

⑥ 将正文第一段("新中国成立 70 年来，党中央、国务院高度重视减贫扶贫……为全球减贫事业作出了重要贡献。")设置为首字下沉 2 行，1.5 倍行距。

⑦ 将正文第二段到第六段("一、农村贫困人口大幅度减少，精准扶贫精准脱贫取得举世瞩目成就 ……五、中国减贫加速了世界减贫进程，为世界减贫做出卓绝贡献 ")的项目符号修改为"◆"；设置行距为固定值 20 磅。

⑧ 将正文第七段("新中国成立 70 年来，中国共产党领导人民自力更生……实现第一个百年奋斗目标具有决定性意义的攻坚战。")分为等宽的两栏，栏宽为 18 字符，栏间加分隔线。

⑨ 在第六段和第七段之间插入"D: \素材\chap3\ practice\精准扶贫.jpg"。设置图片大小缩放，高度 50%，宽度 60%；文字环绕为"上下型环绕"，艺术效果设为"马赛克气泡"；图片水平居中。

⑩ 在【文件】菜单下修改该文档的高级属性：作者为王尚武；主题为扶贫要闻。

⑪ 在页面顶端插入"空白"型页眉，页眉内容为该文档主题。在页面底端插入"X/Y型，加粗显示的数字 2"页码。

⑫ 为第七段文本("脱贫攻坚力度之大、规模之广、影响之深前所未有，取得了决定性进展，谱写了人类反贫困历史新篇章")加超链接，链接地址为"D:\素材\chap3\practice\砥砺奋进的五年.jpg"。

⑬ 设置页面上、下、左、右页边距分别为 2.5 厘米、2.5 厘米、3 厘米、3 厘米，装订线位于左侧 0.5 厘米处。

(2) 创建如图 3-27 所示的表格。

要求：

① 打开"D:\素材\chap3\practice\2013—2017 年中央财政专项扶贫资金.docx"文档，将文档内提供的数据转换成一个 6 行 2 列的表格。

② 为表格插入表标题："2013—2017 年中央财政专项扶贫资金"，标题格式设置为字符间距加宽 1 磅、三号、加粗、微软雅黑、居中。文字效果设置为渐变文本轮廓(底部聚光灯-个性色 4，射线，方向为从中心)。

2013—2017年中央财政专项扶贫资金

年份	中央财政专项扶贫资金 /亿元
2017 年	861
2016 年	661
2015 年	461
2014 年	425
2013 年	380
2013—2017年专项扶贫投入平均值	557.60

图 3-27　编辑排版后的表格

③ 在表格的最下方插入一行，在新插入的那行中第一列填写"2013—2017 年专项扶贫投入平均值"，第二列计算 2013—2017 年平均每年中央财政专项扶贫资金投入情况，编号格式为 0.00，并按照年份降序排列。

④ 设置表格外框线为 2.25 磅、紫色(标准色)单实线，内框线为 1 磅、紫色(标准色)单实线；设置表格第一行和最后一行底纹图案为"20%，颜色为红色(标准色)"。

⑤ 设置表格居中，表格中的文字为四号、楷体。表格各列列宽为 8 厘米，各行行高为 1 厘米，表格所有内容水平居中。

(3) 本案例要求对"D: \素材\chap3\practice\2021 中国经济趋势报告.docx"文档进行排版，以便各级标题以及正文都能以统一的格式有序排列，并增加页眉、页脚等元素，使文章更加专业和美观。要求如下：

① 设置格式。

标题格式：黑体，小二，加粗，居中对齐，段前间距为 1 行，段后间距为 3 行。

一级标题的格式：宋体，三号，加粗，段前间距为 1 行，段后间距为 1 行，行间距为 1.5 倍行距，大纲级别为 1 级。

二级标题格式：宋体，小三，加粗，段前间距为 0.5 行，段后间距为 0.5 行，行间距为 1.5 倍行距，大纲级别为 2 级。

所有正文的格式：宋体，小四，首行缩进 2 字符，行间距为 1.5 倍行距，大纲级别为正文文本。

设置后的效果如图 3-28 所示。

② 设置页眉、页脚，并插入页码。

给文档加上相应的页眉、页脚，并插入页码，页眉、页脚内容自拟，页码格式自己设定。

③ 提取目录。

设置"目录"页，并提取目录，效果如图 3-29 所示。

2021 中国经济趋势报告

　　2021 年中国经济增长将运行在合理区间，就业、物价保持基本稳定，实现"十四五"规划的良好开局。做好今年经济工作，应认真贯彻落实中央经济工作会议精神，采取积极的财政政策，注重提质增效和结构调整，相机调整宏观审慎政策工具，改善货币政策组合逆周期有效性，发挥超大规模市场优势和内需潜力，助力构建新发展格局，多措并举增强经济增长内生动力。根据中国宏观经济季度模型预测，2021 年我国经济增长 7.8%，第三产业增加值占比继续提高，固定资产投资、消费增速均大幅回升，居民收入稳定增长。

一、国民经济主要指标预测

　　根据中国宏观经济季度模型预测，2021 年我国 GDP 增长率为 7.8%，比上年大幅回升。从季度上看，呈现前高后低的发展趋势，而且一季度 GDP 增速可能突破两位数。值得注意的是，经济增速的大幅回升，其中原因之一是上年基数过低，并非是经济增长的中长期趋势；从定性因素上分析，与供给侧和需求侧现实情况相一致。

1、　　从供给侧来看

　　我国大力支持培育经济新业态新模式，孕育发展新动能。尤其是数字经济不断成长壮大，转型升级稳步发展。在各方面共同努力下，数字经济发展战略规划和配套政策落地生效，数字经济助推了经济发展质量变革、效率变革、动力变革，增强了我国经济创新力和竞争力。特别是在抗击新冠肺炎疫情期间，线上服务、产业数字化转型、新个体经济、共享经济等新业态新模式健康发展，数字经济发挥了不可替代的积极作用，成为推动经济社会发展的新引擎。

2、　　从需求侧来看

　　虽然 2020 年全球货物贸易出现了下降，但由于我国快速有效控制了疫情，

图 3-28　应用自定义样式后的效果

目　　录

一、国民经济主要指标预测 1
　1、　从供给侧来看 1
　2、　从需求侧来看 1
二、　相关政策建议 3
三、保持积极的财政政策 3
　1、采取积极有为的财政政策 3
　2、　优化财政支出结构，提高财政资金使用效益 3
　3、　支持创新发展和产业升级 4
　4、推动“新基建”投资 4
　5、完善基础设施建设，完善交通网络设施建设 4
　6、进一步保障和改善民生 4
　7、贯彻实施乡村振兴战略 5
　8、完善财税体制，实行结构性减税降费 5
四、改善货币政策组合逆周期有效性 5
五、发挥超大规模市场优势和内需潜力 7
　1、增强科技创新驱动，提升高端制造能力 7
　2、强化公共服务体系建设，提升服务精准性实效性 7
　3、加大政策引导和支持力度，促进消费回补和潜力释放 8
　4、扎实推进社会信用体系建设，营造安全放心消费氛围 8
　5、加快新型消费基础设施建设，推动打造数字经济新实体 8
文章来源 8

图 3-29　设置目录后的效果

第4章　Excel 2016电子表格

4.1　学习要求

(1) 掌握电子表格的基本概念和基本功能，包括 Excel 2016 的基本功能、运行环境、启动和退出等。

(2) 掌握工作簿和工作表的基本概念和基本操作，包括工作簿和工作表的建立、保存和退出；数据输入和编辑；工作表和单元格的选定、插入、删除、复制、移动；工作表的重命名和工作表窗口的拆分和冻结等。

(3) 熟悉工作表的格式化，包括设置单元格格式、设置列宽和行高、设置条件格式、使用样式、自动套用模式和使用模板等。

(4) 熟悉单元格合并操作、单元格绝对地址和相对地址的概念、工作表中公式的输入和复制、常用函数的使用等。

(5) 熟悉图表的建立、编辑、修改和修饰。

(6) 熟悉数据清单的概念，包括数据清单的建立，数据清单内容的排序、筛选、分类汇总，数据合并，数据透视表的建立等。

(7) 了解工作表的页面设置、打印预览和打印，工作表中链接的建立等。

(8) 了解保护和隐藏工作簿和工作表。

4.2　典型例题精讲

例 4-1　下列选项中，(　　)不是 Excel 2016 的主要功能。

A. 编辑表格　　　B. 数据管理　　　C. 数据分析　　　D. 文字处理

【解析】Excel 2016 的主要功能有：编辑表格、数据管理与分析、制作图表等。文字处理是其他文字处理软件如 Word 的主要功能。

【答案】D

例 4-2　新建一个 Excel 2016 文件时，缺省工作表名称是(　　)。

A. Sheet1　　　B. Book1　　　C. 文档 1　　　D. 表格 1

【解析】新建 Excel 2016 时，自动生成的工作表名称为 Sheet1。

【答案】A

例 4-3　在 Excel 2016 中，不能直接利用自动填充快速输入的序列是(　　)。

A. 1月、2月、3月…　　　　　　　　B. 星期一、星期二、星期三…

C. 甲、乙、丙…　　　　　　　　　　D. A、B、C…

【解析】在 Excel 2016 的【文件】|【选项】|【高级】|【自定义列表】中已有的列表，均可以直接利用自动填充快速输入，本题的 A、B、C 选项都在默认列表中。

【答案】D

例 4-4　在 Excel 2016 中，选取整个工作表的方法是(　　)。

A. 单击表格左上角的"全选"按钮

B. 工作表任意处点击右键，在选项中选择【全选】

C. 单击【数据】菜单栏中的【全选】按钮

D. 单击【开始】菜单栏中的【全选】按钮

【解析】通过表格左上角的"全选"按钮可快速选取整个工作表，其他选项均错误。还可以在工作表中同时按下快捷键 Ctrl + A 来选定整个工作表。

【答案】A

例 4-5　在 Excel 2016 中，如工作表为某班级学生高数成绩，对不及格的成绩用醒目的方式表示(如用红色表示等)，则可采用的命令是(　　)。

A.【查找】　　　B.【条件格式】　　　C.【筛选】　　　D.【设置单元格格式】

【解析】 可在【开始】|【条件格式】|【突出显示单元格规则】中设置不及格成绩的醒目提醒格式。

【答案】B

例 4-6　在某单元格中输入某个学生的学号 2021013031 时，应输入(　　)。

A. 2021013031　　　　　　　　B. "2021013031

C. '2021013031　　　　　　　　D. (2021013031)

【解析】在实际工作中，有时需要在单元格中输入一长串全由数值组成的文本数据，如学号、手机号码、身份证号等。如果直接在单元格中输入，系统会自动将其按数字类型的数据来处理。这时，可以采用"单撇号法"进行输入。在输入数值前，先关闭中文输入法，在单元格中先输入英文状态下的单撇号(')，然后再输入具体的数值即可。

【答案】C

例 4-7　如要引用工作表 Sheet3 中的 B1 单元格，正确的引用方式是(　　)。

A. =Sheet3.B1　　B. Sheet3!B1　　　　C. Sheet3:B1　　　　D. Sheet3$B1

【解析】在 Excel 中，如果要引用其他工作表的单元格，则引用方式为"=工作表名!单元格地址"，如引用 Sheet1 的 A1 单元格，应使用"=Sheet1!A1"。而如果要引用其他工作簿工作表的单元格，则引用方式为"=[工作簿名]工作表名!单元格地址"，如引用 book1.xlsx 的 Sheet1 的 A1 单元格，应使用"=[book1.xlsx]Sheet1!A1"。

【答案】B

例 4-8　如果选中某个单元格，然后按下 Del 键，那么该单元格被删除的是(　　)。

A. 该单元格的数据　　　　　　B. 该单元格的数据和格式

C. 该单元格的格式　　　　　　D. 该单元格自身

【解析】选中某个单元格，然后按下 Del 键，只是删除了该单元格的数据。如果要清除单元格的格式，可选择【文件】菜单右上角的【清除/清除格式】命令。如果要删除某个单元格，可选中该单元格单击右键，选择【删除】命令，在弹出的对话框中选择删除后单元格填充方式(如"下方单元格上移")，单击【确定】按钮，即可删除该单元格。

【答案】A

例 4-9　某工作表单元格 C3 中的公式是"=A3+$B$3"，如果复制该单元格公式到 C4，那么复制后 C4 中的公式为(　　)。

A. =A4+$B$4　　　B. =A4+$B$3　　　C. =A3+$B$3　　　D. =A3+$B$4

【解析】在 Excel 中每个单元格地址都是由行号和列号组成的。比如 A3 单元格，A 是列号，3 是行号，它表示位于 A 列第 3 行的那个单元格。单元格的引用可以分为相对引用、绝对引用和混合引用三种。相对引用：像 A3 这样的引用称为相对引用，行和列均未锁定，直接复制之后，行列均随公式发生变化，C4 和 C3 相比，下移一格，所以 A3 单元格变为 A4 单元格。绝对引用：像$B$3 这样的引用称为绝对引用，行和列均被锁定，复制公式后，引用的始终都是 B 列第 3 行位置的单元格。所以，C4 单元格中的公式为"=A4+$B$3"。

【答案】B

例 4-10　如果某个单元格中的公式为 "=IF(AND(98>60,72>60),"合格","不合格")"，则该单元格计算结果是(　　)。

A. 60　　　　　　B. 0　　　　　　C. 合格　　　D. 不合格

【解析】本题考核的是 IF 函数和 AND 函数的联用。IF 函数有 3 个参数，语法为"=IF(条件判断，结果为真返回值，结果为假返回值)"，第一参数是条件判断，如果判断结果为 TRUE，那么 IF 函数返回值是第二参数，否则返回第三参数。AND 函数用来检验一组数据是否同时都满足条件，注意要求同时满足才为 TRUE。本题中 AND(98>60，72>60)，显然条件都满足，所以为 TRUE，那么 IF 函数返回值是第二参数，也就是"合格"。

【答案】C

例 4-11　下列 Excel 公式中，(　　)是错误的。

A. =SUM(1, "2", TRUE)　　　　　　　B. =MIN(C3:C4)

C. =AVERAGE(B3:B4, A3:A4)　　　　　D. =MAX(A3:C5, B6+"A")

【解析】Excel 的单元格的公式输入以 "=" 开始，本题考察的是常用的 4 个数学计算函数 SUM(求和)、MIN(最小)、MAX(最大)、AVERAGE(求平均)。A 选项，在 SUM 函数中 "2" 将被视为数字 2，TRUE 将被视为数字 1，因此，A 选项正确。B、C 选项没问题，D 选项，MAX 函数中"A"将被视为文本类型，函数无法处理，所以是错误的。

【答案】D

例 4-12　某个单元格的值是由某公式计算得到，其值为 4654.3758678678，在经过一系列操作后，该单元格显示为连续的 "#"，说明(　　)。

A. 数据丢失，计算出错

B. 公式被修改，计算出错

C. 显示宽带不够，只要调整单元格宽带即可

D. 小数点后位数太多了，无法处理

【解析】当一个单元格的宽度太窄不足以显示该单元格内的数据时,在该单元格中将显示连续的 "#" 符号。

【答案】C

4.3 实 验 操 作

实验一 中国各季度 GDP 同比增幅分析

1. 实验目的

(1) 掌握工作表的建立和数据输入方法。

(2) 掌握工作表的格式化方法。

(3) 掌握折线图的画法。

2. 实验内容

(1) 新建一个以自己学号命名的文件夹，在该文件夹中新建一个工作簿文件"chap04.xlsx"，将光盘素材工作簿中的"各季度 GDP"工作表复制到"chap04.xlsx"的"Sheet1"工作表，并将该工作表标签改为"中国 GDP 按季度"。

(2) 编辑并格式化工作表。

要求：

① 在工作表中新建首行，输入文字"中国各季度 GDP 同比增速"，对齐方式为合并居中，字体格式为黑体、常规字形、16 号字，单下划线，"绿色，个性色 6，淡色 40%"背景色。

② 设置工作表数据清单的对齐方式为合并居中，字体格式为宋体、常规字形、14 号字、加粗，填充颜色为"蓝色，个性色 1，淡色 60%"。设置工作表中的数据区域填充颜色为"橙色，个性色 2，淡色 60%"。

③ 增加表格边框线。

④ 对季度 GDP 低于 0 的单元格用颜色填充显示。

(3) 制作"2015—2019 年各季度 GDP 同比增幅"折线图。图表标题为"中国每季度GDP 同比增幅走势图"，设置纵坐标最小值为 5.5，最大值为 7.5，将折线图放置在 A9:F21单元格区域。

(4) 制作"2015—2020 年各季度 GDP 同比增幅"折线图。图表标题为"2015—2020年中国每季度 GDP 同比增幅走势图"，设置数据标签并将折线图放置在 A22:F35 单元格区域。

3. 实验步骤

步骤 1：拷贝数据并建立新工作表。

① 打开文件"D:\素材\chap4\gdp.xlsx"，选中"各季度 GDP"工作表，拖动鼠标指针选择要复制内容的区域 A1:E7，单击右键，在弹出的快捷菜单中选择【复制】命令。

② 在 E 盘新建一个以自己学号命名的文件夹，在该文件夹中新建一个工作簿文件"chap04.xlsx"，双击打开该文件，选定"Sheet1"工作表标签，单击右键，从快捷菜单中选择【重命名】命令，将标签内容改为"中国 GDP 按季度"，单击 A1 单元格，单击右键，在弹出的快捷菜单中选择【粘贴选项】|【粘贴】命令。

步骤 2：编辑并格式化工作表。

① 设置工作表首行格式。

在"chap04.xlsx"的"中国 GDP 按季度"工作表中，右击第 1 行行号，从快捷菜单中选择【插入】命令，即可插入空白行。单击 A1 单元格，输入"中国各季度 GDP 同比增速"。选定 A1:E1 单元格区域，单击【开始】选项卡，选择【对齐方式】功能组中的【合并后居中】命令；单击【字体】功能组右下角的对话框启动器按钮，弹出【设置单元格格式】对话框，在【字体】选项卡的【字体】中选择"黑体"，在【字形】中选择"常规"，在【字号】中选择"16"；【下划线】选项中选择"单下划线"，【填充】选项卡的【背景色】中选择"绿色，个性色 6，淡色 40%"。

② 设置工作表各区域的字体、对齐格式和填充色。

选定 A2:E8 单元格区域，单击右键，在弹出的快捷菜单中选择【设置单元格格式】命令，弹出【设置单元格格式】对话框，在【对齐】选项卡的【文本对齐方式】选项组中，设置【水平对齐】为"居中"，设置【垂直对齐】为"居中"，在【字体】选项卡的【字体】中选择"宋体"，在【字形】中选择"常规"，在【字号】中选择"14"。

修改字体或填充颜色等功能也可以用功能区中的【字体】功能组。选定 A2:A8 单元格区域，按住 Ctrl 再选择 A2:E2，单击【开始】选项卡，选择【字体】功能组中的"加粗"按钮，单击【填充颜色】下拉按钮，在弹出的【主题颜色】窗口中选择"蓝色，个性色 1，淡色 60%"。选定 B3:E8 单元格区域，单击【开始】选项卡，单击【填充颜色】下拉按钮，在弹出的【主题颜色】窗口中选择"橙色，个性色 2，淡色 60%"，如图 4-1 所示。

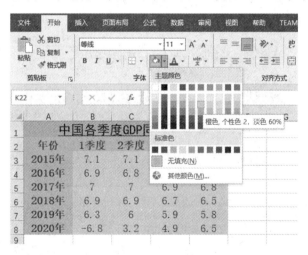

图 4-1　【填充颜色】窗口

③ 增加表格的边框线。选定 A1:E8 单元格区域，单击右键，在弹出的快捷菜单中选择【设置单元格格式】，弹出【设置单元格格式】对话框，在【边框】选项卡中，首先在【线条】的【样式】区中选择"粗点画线"，在【预置】区中选择【内部】；然后在【线条】的【样式】区中选择"粗实线"，在【预置】区选择【外边框】；最后，单击【确定】按钮。

④ 对季度 GDP 低于 0 的单元格用颜色填充显示。选定 B3:E8 单元格区域，单击【开始】选项卡，单击【样式】功能组中的【条件格式】下拉按钮，在下拉列表中选择【突出显示单元格规则】|【小于】选项，如图 4-2 所示。在弹出的【小于】对话框中输入"0"，

在【设置为】下拉框中选择"绿填充色深绿色文本",如图 4-3 所示。

图 4-2 【条件格式】窗口

图 4-3 【小于】对话框

设置条件格式后的表格效果如图 4-4 所示。

中国各季度GDP同比增速			
年份	1季度	2季度	3季度	4季度
2015年	7.1	7.1	7	6.9
2016年	6.9	6.8	6.8	6.9
2017年	7	7	6.9	6.8
2018年	6.9	6.9	6.7	6.5
2019年	6.3	6	5.9	5.8
2020年	-6.8	3.2	4.9	6.5

图 4-4 设置条件格式后的表格

步骤 3:制作"2015—2019 年各季度 GDP 同比增幅"折线图。

① 完成折线图原型。选定 A2:E7 单元格区域,单击【插入】选项卡下【图表】功能组中的【插入折线图或面积图】命令,在下拉选项中单击【二维折线图】中的"折线图"。在【图表工具】|【设计】选项卡的【图表样式】功能组中,选择"样式 3"。

② 对折线图进行格式修订。单击"图表标题",修改为"中国每季度 GDP 同比增幅走势图"。选定图表区左侧纵向坐标轴,单击右键,在弹出的快捷菜单中选择【设置坐标轴格式】命令,打开【设置坐标轴格式】任务窗格,如图 4-5 所示。在【坐标轴选项】中修改【最小值】为"5.5",【最大值】为"7.5",如图 4-6 所示。选定图表,单击右上角"图表元素"按钮,在弹出的【图表元素】菜单中勾选【数据标签】复选框。

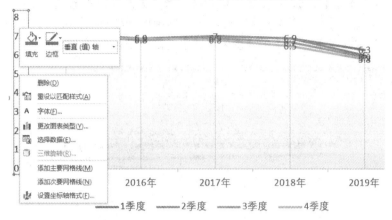

图 4-5　【设置坐标轴格式】命令

图 4-6　修改坐标轴边界

③ 单击图表中有重叠的数据标签，拖动鼠标适当移动，使得整个图表数据更为清晰。最后，将折线图放置在 A9:F21 单元格区域。完成的折线图如图 4-7 所示。从图中可以看出，每年 1、2 季度增幅会高于 3、4 季度。

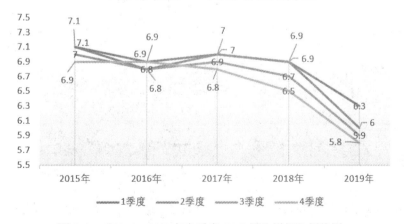

图 4-7　"2015—2019 年各季度 GDP 同比增幅" 折线图

步骤 4：制作"2015—2020 年各季度 GDP 同比增幅"折线图。

① 完成折线图原型。选定 A2:E8 单元格区域，单击【插入】选项卡的【图表】功能组中的【插入折线图或面积图】命令，在下拉选项中单击【二维折线图】中的"折线图"。在【图表工具】|【设计】选项卡的【图表样式】功能组中，选择"样式 1"。单击【设计】|【数据】功能组中的【切换行/列】按钮。效果如图 4-8 所示。

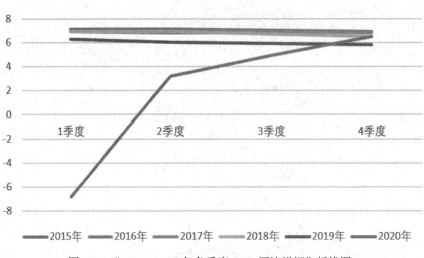

图 4-8　"2015—2020 年各季度 GDP 同比增幅"折线图

② 对折线图进行格式修订。单击"图表标题"，修改为"2015—2020 年中国每季度 GDP 同比增幅走势图"。选定图表，单击右上角"图表元素"按钮，在弹出的【图表元素】菜单中勾选【数据标签】复选框，如图 4-9 所示。

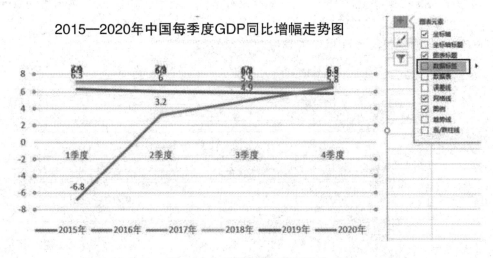

图 4-9　勾选【数据标签】选项

③ 单击图表中有重叠的数据标签，拖动鼠标适当移动，使得整个图表数据更为清晰。最后，将折线图放置在 A22:F35 单元格区域。完成的折线图如图 4-10 所示。

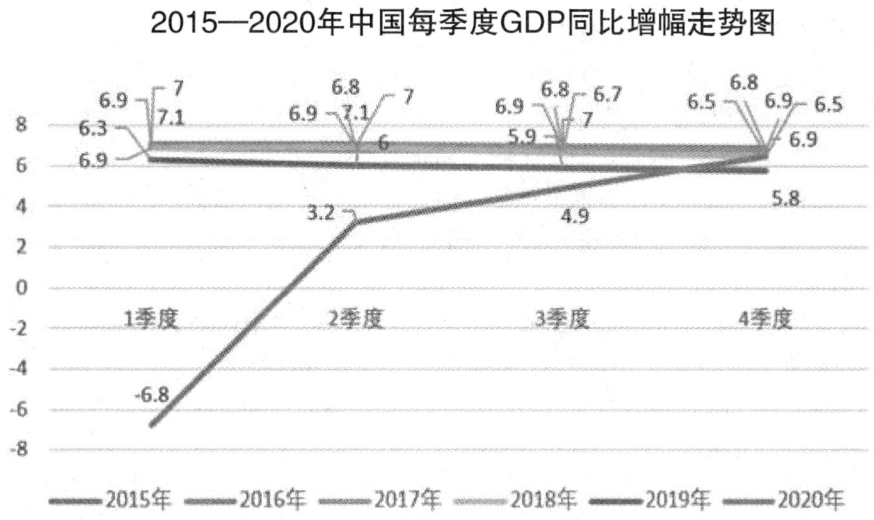

2015—2020年中国每季度GDP同比增幅走势图

图 4-10 "2015—2020 年各季度 GDP 同比增幅" 折线图

从图中可以看出, 2020 年因疫情影响, 我国一季度 GDP 为 −6.8%, 但随着抗疫胜利, 后面三个季度 GDP 增幅逐步增加, 到第四季度已接近往年增幅水平。

实验二 中国近两年各行业 GDP 分析

1. 实验目的

(1) 掌握多张工作表的数据汇总方法。

(2) 掌握工作表的编辑和单元格的相对引用方法。

(3) 掌握饼图和排列图的画法。

2. 实验内容

(1) 在 "chap04.xlsx" 中新建工作表 "Sheet1", 并重命名为 "中国 GDP 按行业", 从光盘素材工作簿中选中 "2019 年中国 GDP" 工作表和 "2020 年中国 GDP" 工作表分别拷贝到 "中国 GDP 按行业" 工作表。

(2) 计算各行业 GDP 占比并格式化工作表。在新工作表中插入空白列, 分别计算 "2019 年各行业 GDP 之和" 和 "2020 年各行业 GDP 之和"。对 D3:D13 单元格区域应用【条件格式】|【数据条】的 "渐变填充" 下的 "绿色数据条"。对 B3:E13 单元格区域应用【套用表格样式】中的 "浅黄, 表样式浅色 19", 在【表格工具】|【设计】|【表格样式选项】功能能组中, 取消 "筛选按钮" 复选框的勾选。

(3) 制作 "2019 年中国各行业 GDP 占比" 饼图。修改 "图表标题" 为 "2019 年中国各行业 GDP 占比"。对饼图 "2019 年中国各行业 GDP 占比" 在【设置数据系列格式】|【系列选项】中设置【饼图分离】为 "6%", 将饼图放置在 A15:D32 单元格区域。

(4) 制作 "2020 年中国各行业 GDP 占比" 排列图。将 "图表标题" 修改为 "2020 年中国各行业 GDP 占比排列图"。对系列 "2019 年 GDP(亿元)" 在【设置数据系列格式】|【系列选项】中, 设置【间隙宽度】为 "6%" 将排列图放置在 E15:K32 单元格区域。

3. 实验步骤

步骤 1：拷贝两张数据表并汇总成新工作表。

① 打开文件"D:\素材\chap4\gdp.xlsx"，选中"2019 年中国 GDP"工作表，拖动鼠标指针选择要复制内容的区域 A2:B13，单击右键，在弹出的菜单中选择【复制】命令。

② 打开实验一已建立的工作簿文件"chap04.xlsx"中的新建工作表"Sheet1"，选中"Sheet1"工作表标签，单击右键，从快捷菜单中选择【重命名】命令，将标签内容改为"中国 GDP 按行业"，单击 A1 单元格，单击右键，在弹出的快捷菜单中选择【粘贴选项】|【粘贴】命令。

③ 打开文件"D:\素材\chap4\gdp.xlsx"，选中"2020 年中国 GDP"工作表，拖动鼠标指针选择要复制内容的区域 B2:B13，单击右键，在弹出的快捷菜单中选择【复制】命令。选中"chap04.xlsx"的"中国 GDP 按行业"工作表中的 C1 单元格，单击右键，在弹出的快捷菜单中选择【粘贴选项】|【粘贴】命令。

④ 选择 A2:E14 单元格区域，在【开始】选项卡的【单元格】功能组中单击【格式】下拉按钮，在下拉列表中选择【列宽】命令，在弹出的【列宽】对话框中设置【列宽】为"16"，单击【确定】按钮。此时，我们完成了两年数据的汇总。

步骤 2：计算各行业 GDP 占比并格式化工作表，对工作表进行编辑。

① 增加新行和新列。选中"中国 GDP 按行业"工作表中的第 1 行行号，单击右键，从快捷菜单中选择【插入】命令，即可插入空白行。选中 C 列，单击右键，在弹出的快捷菜单中选择【插入】命令，即可插入空白列。

② 分别计算 2019 和 2020 年的总 GDP 之和，并计算各行业的占比情况。在 A14 单元格中键入"合计"，选中 B14 单元格，单击【公式】选项卡，选择【函数库】功能组中的【插入函数】命令，在弹出的【插入函数】对话框中【选择函数】选中"SUM"，单击【确定】按钮，如图 4-11 所示。

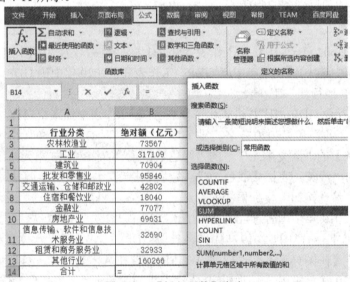

图 4-11　【插入函数】命令

在弹出的【函数参数】对话框中，保持默认内容不变并单击【确定】按钮，如图 4-12 所示。

图 4-12 【插入函数】弹出对话框

此时，B14 单元格已计算出 2019 年各行业 GDP 之和。同理，在 D14 单元格中计算 2020 年各行业 GDP 之和，也可以选定 B14 单元格，单击右键，在弹出的菜单中选择【复制】，然后选定 D14 单元格，右键菜单中选择【粘贴选项】|【粘贴】命令即可。

修改 B2 单元格内容为"2019 年 GDP(亿元)"，修改 C2 单元格内容为"2019 年 GDP 占比"，修改 D2 单元格内容为"2020 年 GDP(亿元)"，修改 E2 单元格内容为"2020 年 GDP 占比"。

在 C3 单元格中输入"=B3/$B$14"后按回车键，单击右键，在弹出的快捷菜单中选择【设置单元格格式】，在【数字】选项卡的【分类】中选择"百分比"，单击【确定】按钮，如图 4-13 所示；然后拖动其右下角的填充柄到 C13 单元格，自动完成计算。

B	C	数字	对齐	字体	边框	填充
2019年GDP（亿元）	2019年GDP占比	分类(C):		示例		
73567	0.07424523	常规		7.42%		
317109		数值				
70904		货币		小数位数(D): 2		
95846		会计专用				
42802		日期				
18040		时间				
77077		百分比				
69631		分数				
32690		科学记数				
32933		文本				
160266		特殊				
990865		自定义				

图 4-13 【设置单元格格式】对话框中设置小数位数

同理，在 E3 单元格中输入"=D3/$D$14"后按回车键，单击右键，在弹出的快捷菜单中选择【设置单元格格式】，在【数字】选项卡的【分类】中选择"百分比"，单击【确定】按钮。

③ 对工作表进行格式化。选定 A1:E1 单元格区域，单击【开始】选项卡，选择【对齐方式】功能组中的【合并后居中】命令，输入文字"中国各行业 GDP 占比情况"。单击右键，在弹出的快捷菜单中选择【设置单元格格式】，弹出【设置单元格格式】对话框，在【对齐】选项卡的【水平对齐】中选择"居中"，在【字体】选项卡的【字体】中选择"黑体"，在【字形】中选择"常规"，在【字号】中选择"16"。

选定 A2:E14 单元格区域，单击右键，在弹出的快捷菜单中选择【设置单元格格式】，弹出【设置单元格格式】对话框，在【对齐】选项卡的【文本对齐方式】选项组中，设置【水平对齐】为"居中"，设置【垂直对齐】为"居中"；选择【字体】选项卡的【字体】中选择"宋体"在【字形】中选择"常规"，在【字号】中选择"12"。在【边框】选项卡中，首先在【线条】的【样式】区中选择"细实线"，在【预置】区中选择【内部】；然后在【线条】的【样式】区中选择"粗实线"，在【预置】区中选择【外边框】；最后，单击【确定】按钮。格式化后的表格如图 4-14 所示。

中国各行业GDP占比情况

行业分类	2019年GDP（亿元）	2019年GDP占比	2020年GDP（亿元）	2020年GDP占比
农林牧渔业	73567	7.42%	81104	7.98%
工业	317109	32.00%	313071	30.81%
建筑业	70904	7.16%	72996	7.18%
批发和零售业	95846	9.67%	95686	9.42%
交通运输、仓储和邮政业	42802	4.32%	41562	4.09%
住宿和餐饮业	18040	1.82%	15971	1.57%
金融业	77077	7.78%	84070	8.27%
房地产业	69631	7.03%	74553	7.34%
信息传输、软件和信息技术服务业	32690	3.30%	37951	3.74%
租赁和商务服务业	32933	3.32%	31616	3.11%
其他行业	160266	16.17%	167407	16.48%
合计	990865		1015987	

图 4-14　格式化后的工作表

④ 对工作表进行颜色修饰。

选定 D3:D13 单元格区域，单击【开始】|【样式】功能组中的【条件格式】下拉按钮，在下拉列表中选择【数据条】|【渐变填充】组中的"绿色数据条"，如图 4-15 所示。

图 4-15　设置【条件格式】

选定 B3:E13 单元格区域，单击【开始】|【样式】功能组中【套用表格样式】下拉按钮，在下拉列表中选择【浅色】组的"浅黄，表样式浅色 19"，如图 4-16 所示。

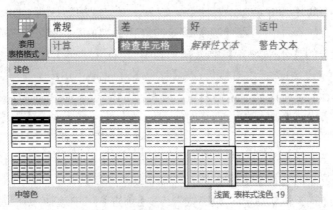

图 4-16　设置【套用表格样式】

在弹出对话框中单击【确定】按钮。然后，在【表格工具】|【设计】选项卡的【表格样式选项】功能组中，取消"筛选按钮"复选框的勾选，如图 4-17 所示。

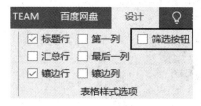

图 4-17　取消"筛选按钮"复选框的勾选

颜色修饰后的表格如图 4-18 所示。

中国各行业 GDP 占比情况				
行业分类	2019年GDP（亿元）	2019年GDP占比	2020年GDP（亿元）	2020年GDP占比
农林牧渔业	73567	7.42%	81104	7.98%
工业	317109	32.00%	313071	30.81%
建筑业	70904	7.16%	72996	7.18%
批发和零售业	95846	9.67%	95686	9.42%
交通运输、仓储和邮政业	42802	4.32%	41562	4.09%
住宿和餐饮业	18040	1.82%	15971	1.57%
金融业	77077	7.78%	84070	8.27%
房地产业	69631	7.03%	74553	7.34%
信息传输、软件和信息技术服务业	32690	3.30%	37951	3.74%
租赁和商务服务业	32933	3.32%	31616	3.11%
其他行业	160266	16.17%	167407	16.48%
合计	990865		1015987	

图 4-18　颜色修饰后的工作表

步骤 3：制作"2019 年中国各行业 GDP 占比"饼图。

① 完成饼图原型。选中 A2:A13 单元格区域，按下 Ctrl 键再选中 E2:E13，单击【插入】|【图表】功能组中的【插入饼图或圆环图】命令，在下拉选项中单击【三维饼图】。在【图表工具】|【设计】选项卡的【图表样式】功能组中，选择"样式 3"，如图 4-19 所示。

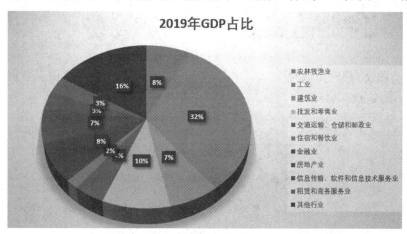

图 4-19　"2019 年各行业 GDP 占比"饼图

② 对饼图进行格式修订。单击"图表标题"，修改为"2019 中国各行业 GDP 占比"。选定图表，单击右上角"图表元素"按钮，在弹出的【图表元素】菜单中勾选【数据标签】复选框，并选中【数据标签外】和【数据标注】命令，然后取消【图例】复选框的勾选，如图 4-20 所示。

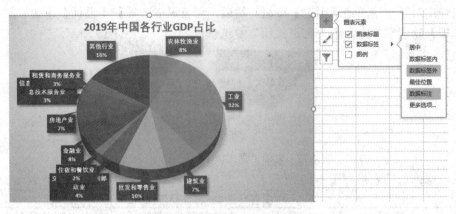

图 4-20　勾选【数据标签】选项

选择"2019 年中国各行业 GDP 占比"饼图，单击右键，在弹出的快捷菜单中选择【设置数据系列格式】命令，在【设置数据系列格式】窗口中单击【系列选项】，设置【饼图分离】为"6%"，如图 4-21 所示。

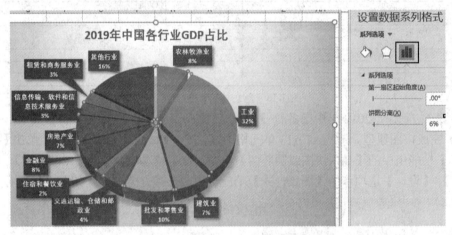

图 4-21　设置【数据系列格式】命令

③ 单击图表中重叠的数据标签，拖动鼠标适当移动，使得整个图表数据更为清晰。最后，将饼图放置在 A15:D32 单元格区域。完成的饼图如图 4-22 所示。

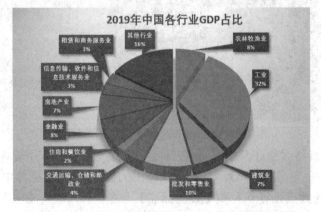

图 4-22　"2019 年中国各行业 GDP 占比"饼图完成图

步骤 4：制作"2020 年中国各行业 GDP 占比"排列图。

① 完成排列图原型。选定 A2:A13 单元格区域，按住 Ctrl 键再选定 E2:E13，单击【插入】|【图表】功能组中的【插入统计图表】命令按钮，在下拉选项中单击【直方图】中的"排列图"命令，如图 4-23 所示。

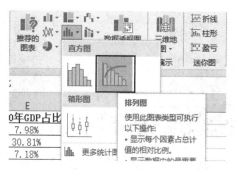

图 4-23　选择"排列图"命令

在【图表工具】|【设计】选项卡的【图表样式】组中，选择"样式 1"，得到初始图如图 4-24 所示。

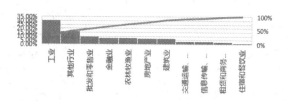

图 4-24　"2020 年各行业 GDP 占比"排列图

② 对排列图进行格式修订。单击"图表标题"，修改为"2020 年中国各行业 GDP 占比排列图"。选中图表，单击右上角"图表元素"按钮，在弹出的【图表元素】菜单中勾选【数据标签】复选框，然后取消勾选【坐标轴】|【主要横坐标轴】复选框，如图 4-25 所示。

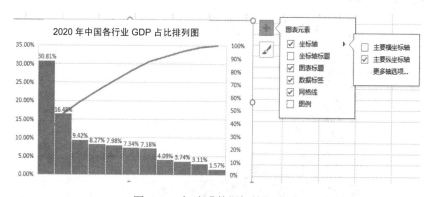

图 4-25　勾选【数据标签】选项

选择"2019 年 GDP(亿元)"系列，单击右键，在弹出的快捷菜单中选择【设置数据系列格式】，在弹出的【设置数据系列格式】任务窗格中单击【系列选项】，设置【间隙宽度】

为"6%"，如图 4-26 所示。

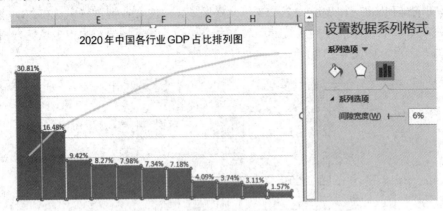

图 4-26　设置【数据系列格式】命令

接着，依次点击各直方图，在【设置数据点格式】任务窗格中选择"填充与线条"选项卡，在【填充】选项中选择不同颜色，使得整个图表数据更为简洁美观(可按个人喜好选择颜色)，如图 4-27 所示。

图 4-27　【设置数据点格式】命令

最后，将排列图放置在 E15:K32 单元格区域。完成的排列图如图 4-28 所示。

2020 年中国各行业 GDP 占比排列图

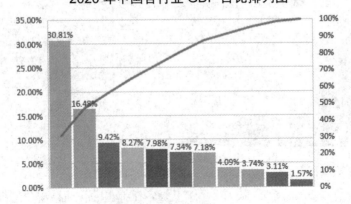

图 4-28　"2020 年中国各行业 GDP 占比"排列图

实验三　2020 年各省份 GDP 分析

1．实验目的

(1) 掌握基本公式和排序、筛选的使用方法。

(2) 掌握跨工作表的单元格相对引用。

(3) 掌握簇状条形图和簇状柱形图的画法。

2．实验内容

(1) 在"chap04.xlsx"中新建工作表"Sheet1"，并重命名为"中国 GDP 前十省份"，从光盘素材工作簿中复制"2020 年 GDP 排名前十省份"工作表数据拷贝到"chap04.xlsx"的"中国 GDP 前十省份"工作表中。

(2) 计算并对计算后的工作表进行格式化、排序和筛选。新建 E 列计算"2020 年 GDP 全国占比"，新建 F 列计算"2020 年 GDP 增速"，对工作表进行格式化。对"2020 年 GDP 增速"和"2020 年 GDP 全国占比"以降序进行排序。筛选 2020 年 GDP 增速在 3%以上且(或)GDP 占比在 5%的省份。

(3) 制作"2020 年中国 GDP 前十省份 GDP 增速"簇状柱形图。选定 B2:B12 单元格区域，建立"簇状柱形图"，修改"图表标题"为"2020 年中国 GDP 前十省份 GDP 增速"。对系列"2020 年 GDP 增速"设置【形状样式】中的【形状填充】为"蓝色，个性色 1，淡色 40%"，对"绘图区"设置【形状样式】中的【形状填充】为"纹理"|"羊皮纸"。

(4) 制作"2020 年 GDP 前十省份 GDP 全国占比"簇状条形图。选定 B2:B12 单元格区域，按住 Ctrl 键再选定 E2:E12，建立【三维条形图】中的"三维簇状条形图"。修改"图表标题"为"2020 年 GDP 前十省份 GDP 全国占比"，设置【柱体形状】为"部分棱锥"，设置"填充与线条"|【填充】为"依数据点着色"。

3．实验步骤

步骤 1：拷贝数据并新建工作表。

打开文件"D:\素材\chap4\gdp.xlsx"，选中"2020 年 GDP 排名前十省份"工作表，拖动鼠标指针选择要复制内容的区域 A1:D12，单击右键，在弹出的快捷菜单中选择【复制】命令。然后，打开实验一已建立的工作簿文件"chap04.xlsx"中的新建工作表"Sheet1"，右击"Sheet1"工作表标签，从快捷菜单中选择【重命名】命令，将标签内容改为"中国 GDP 前十省份"，选中 A1 单元格，单击右键，在弹出的快捷菜单中选择【粘贴选项】|【粘贴】命令。

步骤 2：计算并对计算后的工作表进行格式化、排序和筛选。

① 计算各省 2020 年 GDP 的全国占比。在 E2 单元格中输入"2020 年 GDP 全国占比"，在 E3 单元格中输入"=D3/中国 GDP 按行业!$D$14"后按回车键。选中 E3 单元格，单击右键，在弹出的快捷菜单中选择【设置单元格格式】，弹出【设置单元格格式】对话框，在【数字】选项卡的【分类】中选择"百分比"，单击【确定】按钮；然后拖动其右下角的填充柄到 E12 单元格，自动完成计算。

② 计算 2020 年 GDP 增速。在 F2 单元格中输入"2020 年 GDP 增速"，在 F3 单元格

中输入"=(D3-C3)/C3"后按回车键。选中 F3 单元，单击右键，在弹出的快捷菜单中选择【设置单元格格式】，在【数字】选项卡的【分类】中选择"百分比"，单击【确定】按钮；然后拖动其右下角的填充柄到 F12 单元格，自动完成计算，如图 4-29 所示。

2020年GDP前十名省份			2020年GDP全国占比	2020年GDP增速
序号	省份	2019年GDP	2020年GDP		
1	广东	107671.1	110760.9	10.90%	2.87%
2	江苏	99631.53	102700	10.11%	3.08%
3	山东	71065.5	73129	7.20%	2.90%
4	浙江	62352	64613	6.36%	3.63%
5	河南	54259.2	54997.07	5.41%	1.36%
6	四川	46615.82	48598.76	4.78%	4.25%
7	福建	42395	43903.89	4.32%	3.56%
8	湖北	45828.31	43443.46	4.28%	-5.20%
9	湖南	39752.12	41781.49	4.11%	5.11%
10	上海	38155.32	38700.58	3.81%	1.43%

图 4-29　2020 年 GDP 占比和增速计算

③ 对工作表进行格式化。选定 A1:F1 单元格区域，单击【开始】选项卡，选择【对齐方式】功能组中的【合并后居中】命令；单击【字体】功能组右下角的对话框启动器按钮，弹出【设置单元格格式】对话框，在【字体】选项卡的【字体】中选择"黑体"，在【字形】中选择"常规"，在【字号】中选择"16"。

选定 A2:F12 单元格区域，单击右键，在弹出的快捷菜单中选择【设置单元格格式】命令，弹出【设置单元格格式】对话框，在【对齐】选项卡的【文本对齐方式】选项组中，设置【水平对齐】为"居中"，设置【垂直对齐】为"居中"；在【字体】选项卡的【字体】中选择"宋体"，在【字形】中选择"常规"，在【字号】中选择"12"；在【边框】选项卡中，首先在【线条】的【样式】区中选择"细实线"，在【预置】区中选择【内部】；然后在【线条】的【样式】区中选择"粗实线"，在【预置】区中选择【外边框】；最后，单击【确定】按钮。最终效果如图 4-30 所示。

2020年GDP前十名省份

序号	省份	2019年GDP	2020年GDP	2020年GDP全国占比	2020年GDP增速
1	广东	107671.07	110760.94	10.90%	2.87%
2	江苏	99631.53	102700	10.11%	3.08%
3	山东	71065.5	73129	7.20%	2.90%
4	浙江	62352	64613	6.36%	3.63%
5	河南	54259.2	54997.07	5.41%	1.36%
6	四川	46615.82	48598.76	4.78%	4.25%
7	福建	42395	43903.89	4.32%	3.56%
8	湖北	45828.31	43443.46	4.28%	-5.20%
9	湖南	39752.12	41781.49	4.11%	5.11%
10	上海	38155.32	38700.58	3.81%	1.43%

图 4-30　设置条件格式后的工作表

④ 对数据表进行排序。单击数据清单中的任意单元格，单击【数据】|【排序和筛选】功能组的【排序】命令，如图 4-31 所示。

图 4-31　【排序】命令

在弹出的【排序】对话框中，单击【主要关键字】右侧的下拉箭头，在下拉框中选择"2020 年 GDP 增速"，在【次序】下拉框中选择"降序"。单击【添加条件】按钮，设置【次要关键字】为"2020 年 GDP 全国占比"，在【次序】下拉框中选择"降序"，如图 4-32 所示。

图 4-32　【排序】对话框设置

单击【确定】按钮，得到数据表排序结果，如图 4-33 所示。

2020年GDP前十名省份					
序号	省份	2019年GDP	2020年GDP	2020年GDP全国占比	2020年GDP增速
9	湖南	39752.12	41781.49	4.11%	5.11%
6	四川	46615.82	48598.76	4.78%	4.25%
4	浙江	62352	64613	6.36%	3.63%
7	福建	42395	43903.89	4.32%	3.56%
2	江苏	99631.53	102700	10.11%	3.08%
3	山东	71065.5	73129	7.20%	2.90%
1	广东	107671.07	110760.94	10.90%	2.87%
10	上海	38155.32	38700.58	3.81%	1.43%
5	河南	54259.2	54997.07	5.41%	1.36%
8	湖北	45828.31	43443.46	4.28%	-5.20%

图 4-33　数据表排序结果

⑤ 对数据表进行筛选，找出 2020 年 GDP 增速在 3%以上且 GDP 占比在 5%的省份。单击数据清单中的任意单元格，单击【数据】|【排序和筛选】功能组的【筛选】命令。然后，单击 E2 单元格"2020 年 GDP 全国占比"旁的下拉箭头，选择【数字筛选】命令中的"大于"选项，弹出【自定义自动筛选方式】对话框，在"大于"右侧的文本框中输入"0.05"，单击【确定】按钮，如图 4-34 所示。

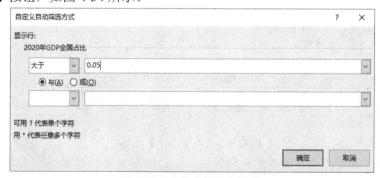

图 4-34　【数字筛选】命令

同理，筛选 2020 年增速在 3%以上的省份。单击 F2 单元格"2020 年 GDP 增速"右侧的下拉箭头，选择【数字筛选】命令中的"大于"选项，在弹出的对话框中输入 0.03，单击【确定】。筛选结果如图 4-35 所示，共有两条结果，分别为江苏和浙江两省。

序号	省份	2019年GDP	2020年GDP	2020年GDP全国占比	2020年GDP增速
4	浙江	62352	64613	6.36%	3.63%
2	江苏	99631.53	102700	10.11%	3.08%

2020年GDP前十名省份

图 4-35　筛选结果

利用【高级筛选】命令实现同样的筛选结果。

在 H2:I3 中输入筛选条件，如图 4-36 所示。

H	I
2020年GDP全国占比	2020年GDP增速
>0.05	>0.03

图 4-36　高级筛选条件

单击数据清单中的任意单元格，单击【数据】|【排序和筛选】功能组的【高级】命令，在弹出的【高级筛选】对话框中设置高级筛选方式，如图 4-37 所示。

图 4-37　【高级筛选】对话框

单击【确定】按钮，筛选结果如图 4-38 所示。

2020年GDP全国占比	2020年GDP增速				
>0.05	>0.03				
序号	省份	2019年GDP	2020年GDP	2020年GDP全国占比	2020年GDP增速
4	浙江	62352	64613	6.36%	3.63%
2	江苏	99631.53	102700	10.11%	3.08%

图 4-38　【高级筛选】结果

以上实现了两个"与"条件的高级筛选，那么接下来我们尝试一下"或"条件的高级筛选。在 H11:I13 中输入筛选条件，如图 4-39 所示。

2020年GDP全国占比	2020年GDP增速
>0.05	
	>0.03

图 4-39 高级筛选条件("或"关系)

单击数据清单中的任意单元格,单击【数据】|【排序和筛选】功能组的【高级】命令,在弹出的【高级筛选】对话框中设置高级筛选方式,如图 4-40 所示。

图 4-40 【高级筛选】对话框("或"关系)

单击【确定】按钮,筛选结果如图 4-41 所示。

2020年GDP全国占比	2020年GDP增速				
>0.05					
	>0.03				

序号	省份	2019年GDP	2020年GDP	2020年GDP全国占比	2020年GDP增速
9	湖南	39752.12	41781.49	4.11%	5.11%
6	四川	46615.82	48598.76	4.78%	4.25%
4	浙江	62352	64613	6.36%	3.63%
7	福建	42395	43903.89	4.32%	3.56%
2	江苏	99631.53	102700	10.11%	3.08%
3	山东	71065.5	73129	7.20%	2.90%
1	广东	107671.07	110760.94	10.90%	2.87%
5	河南	54259.2	54997.07	5.41%	1.36%

图 4-41 【高级筛选】结果("或"关系)

步骤 3:制作"2020 年中国 GDP 前十省份 GDP 增速"簇状柱形图。

① 完成簇状柱形图原型。选定 B2:B12 单元格区域,按住 Ctrl 键再选定 F2:F12,单击【插入】|【图表】功能组中的【插入柱形图或条形图】命令,在下拉选项中单击【二维柱形图】中的"簇状柱形图"。在【图表工具】|【设计】选项卡的【图表样式】功能组中,选择"样式 6",得到的簇状柱形图如图 4-42 所示。

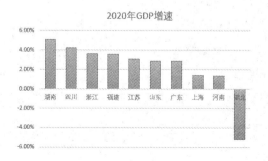

图 4-42 "2020 年中国 GDP 前十省份 GDP 增速"簇状柱形图

② 对簇状柱形图进行格式修订。单击"图表标题",修改为"2020 年中国 GDP 前十省份 GDP 增速"。选定图表,单击右上角"图表元素"按钮,在弹出的【图表元素】菜单中勾选【数据标签】复选框,如图 4-43 所示。

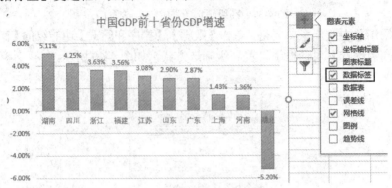

图 4-43 勾选【数据标签】选项

③ 设置图表形状样式。选中图表,在【图表工具】|【格式】|【当前所选内容】功能组中的【图表元素】下拉列表中选择系列"2020 年 GDP 增速",单击【形状样式】功能组中【形状填充】下拉按钮,在下拉列表中选择"蓝色,个性色 1,淡色 40%",如图 4-44 所示。

图 4-44 设置【形状填充】

然后在【当前所选内容】功能组中的【图表元素】下拉列表中选择"绘图区",在【形状样式】组中单击【形状填充】下拉按钮,在下拉列表中选择"纹理"|"羊皮纸"。

最终图表如图 4-45 所示。

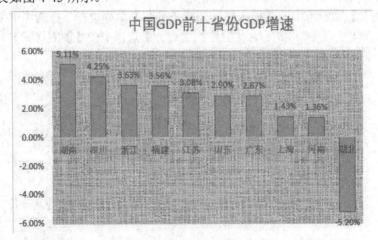

图 4-45 "2020 年中国 GDP 前十省份 GDP 增速"簇状柱形图

步骤 4：制作 "2020 年 GDP 前十省份 GDP 全国占比" 簇状条形图。

① 完成簇状条形图原型。选定 B2:B12 单元格区域，按住 Ctrl 键再选定 E2:E12，单击【插入】|【图表】功能组中的【插入柱形图或条形图】命令，在下拉选项中单击【三维条形图】中的 "三维簇状条形图"。在【图表工具】|【设计】选项卡的【图表样式】功能组中，选择 "样式 3"，如图 4-46 所示。

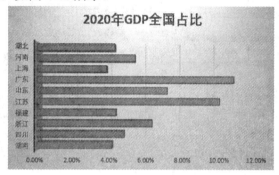

图 4-46　"2020 年 GDP 前十省份 GDP 全国占比" 簇状条形图

② 对簇状条形图进行格式修订。单击 "图表标题"，修改为 "2020 年 GDP 前十省份 GDP 全国占比"。选定图表，单击右上角 "图表元素" 按钮，在弹出的【图表元素】菜单中勾选【数据标签】复选框，取消【坐标轴】|【主要横坐标轴】复选框的勾选，如图 4-47 所示。

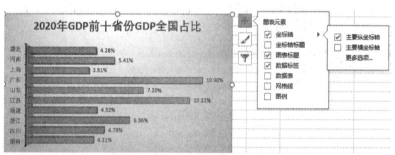

图 4-47　修改【数据标签】选项

③ 设置数据系列格式。选中图表区条形图，单击右键，在弹出的快捷菜单中选择【设置数据系列格式】，在弹出的【设置数据系列格式】任务窗格中单击【系列选项】按钮，选择【柱体形状】为 "部分棱锥"，如图 4-48 所示。

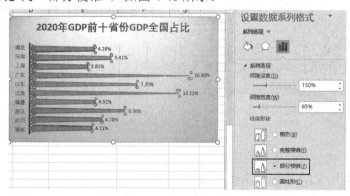

图 4-48　【系列选项】命令

然后，在【设置数据系列格式】任务窗格中，单击"填充与线条"按钮，在【填充】中勾选【依数据点着色】复选框，如图 4-49 所示。

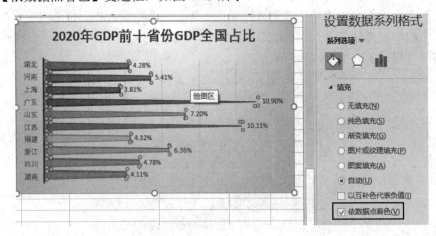

图 4-49　"填充与线条"命令

最后完成的簇状条形图如图 4-50 所示。

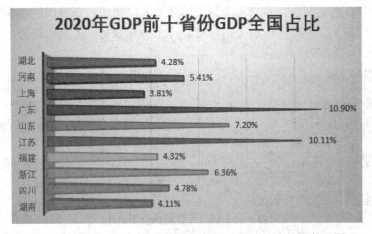

图 4-50　"2020 年 GDP 前十省份 GDP 全国占比"簇状条形图

实验四　2020 年 GDP 排名靠前城市分析

1. 实验目的

(1) 掌握 IF、RANK、VLOOKUP 等函数的使用方法。

(2) 掌握分类汇总的使用方法。

(3) 掌握数据透视表的使用方法。

2. 实验内容

(1) 从光盘中拷贝数据表并利用相关公式进行计算。在 F 列中计算"2020 年 GDP 增速"，在 G 列中利用 RANK 函数生成"2020 年 GDP 增速排名"，在 H 列中利用 VLOOKUP 函数生成"所在省(市)2020 年 GDP"，在 J 列中利用 IF 函数计算"2020 年经济形势"。

(2) 对计算后的工作表进行简要统计分析。分别计算前 18 名城市 2020 年 GDP 增速的平均值、最大值、最小值。统计江苏省入选 2020 年 GDP 前 18 名城市数量。统计属于江苏省且同比增幅高于 4.5% 的城市平均 GDP。

(3) 进行数据分类汇总。将数据清单按 "省份" 进行排序，利用【分类汇总】命令对工作表进行分类汇总。

(4) 制作数据透视图。建立数据透视表，统计各省份入选 2020 年 GDP 前 18 名城市数量，并使用数据透视表查看各省入选城市详情。

3. 实验步骤

步骤 1：拷贝数据表并利用公式进行计算。

① 打开文件 "D:\素材\chap4\gdp.xlsx"，选中 "2020 年 GDP 排名靠前城市" 工作表，拖动鼠标指针选择要复制内容的单元格区域 A1:E20，单击右键，在弹出的快捷菜单中选择【复制】命令。然后，打开实验一已建立的工作簿文件 "chap04.xlsx" 中的新建工作表 "Sheet1"，右击 "Sheet1" 工作表标签，从快捷菜单中选择【重命名】命令，将标签内容改为 "中国 GDP 靠前城市"，单击 A1 单元格，单击右键，在弹出的快捷菜单中选择【粘贴选项】|【粘贴】。

② 对数据进行计算。在 F2 单元格中输入 "2020 年 GDP 增速"，在 F3 单元格中输入 "=(E3-D3)/D3" 后按回车键。选定 F3 单元格，单击右键，在弹出的快捷菜单中选择【设置单元格格式】，弹出【设置单元格格式】对话框，在【数字】选项卡的【分类】中选择 "百分比"，单击【确定】按钮；然后拖动其右下角的填充柄到 F20 单元格，自动完成计算。

然后，在 G2 单元格中输入 "2020 年 GDP 增速排名"。选中 G3 单元格，选择【公式】选项卡，单击【函数库】功能组中的【插入函数】命令，弹出【插入函数】对话框；在常用函数中选择 "RANK"，如果没有则在【搜索函数】文本框中输入 "RANK"，单击【转到】按钮，在【选择函数】列表框选择 "RANK" 函数；在弹出的【函数参数】对话框中按图 4-51 所示输入参数，单击【确定】按钮；然后拖动其右下角的填充柄到 G20 单元格，自动完成计算。

图 4-51　"RANK" 函数参数

在 H2 单元格中输入"所在省(市)2020 年 GDP"。选中 H3 单元格,同上,打开"VLOOKUP"的【函数参数】对话框,按图 4-52 所示输入参数,单击【确定】按钮;然后拖动其右下角的填充柄到 H20 单元格,自动完成计算。其中"上海""北京""重庆""天津"都为直辖市,C 列"省份"与 B 列"城市"相同,H 列"所在省(市)2020 年 GDP"与 E 列"2020年 GDP"相同。

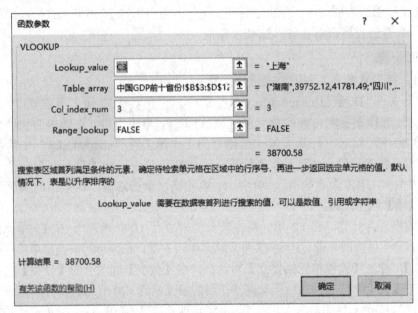

图 4-52　　"VLOOKUP"函数参数

在 I2 单元格中输入"该市占所在省的 GDP 占比",在 I3 单元格中输入"=E3/H3"后按回车键。选定 I3 单元格,单击右键,在弹出的快捷菜单中选择【设置单元格格式】,弹出【设置单元格格式】对话框,在【数字】选项卡中【分类】选择"百分比",单击【确定】按钮;然后拖动其右下角的填充柄到 I20 单元格,自动完成计算。

在 J2 单元格中输入"2020 年经济形势"。在 J3 单元格中输入"=IF(F3>2.3%,"增速高于全国", F(F3>0, "正增长", "负增长"))"后按回车键,拖动其右下角的填充柄到 J20单元格,自动完成计算。

③ 对工作表进行格式化。选定单元格 A1:J1,单击【开始】选项卡,选择【对齐方式】功能组中的【合并后居中】命令。在【字体】选项卡的【字体】中选择"黑体",在【字形】中选择"常规",在【字号】中选择"16"。

选定 A2:J20 单元格区域,单击右键,在弹出的快捷菜单中选择【设置单元格格式】,弹出【设置单元格格式】对话框,在【对齐】选项卡的【文本对齐方式】选项组中,设置【水平对齐】为"居中",设置【垂直对齐】为"居中",【文本控制】选项卡中勾选"自动换行";在【字体】选项卡中【字体】选择"宋体",【字形】选择"常规",【字号】选择"12";在【边框】选项卡中,首先在【线条】的【样式】区中选择"细实线",在【预置】区中选择【内部】;然后在【线条】的【样式】区中选择"粗实线",在【预置】区中选择【外边框】;最后,单击【确定】按钮。

最终效果如图 4-53 所示。

2020 年 GDP 前 18 名城市

序号	城市	省份	2019年GDP	2020年GDP	2020年GDP增速	2020年GDP增速排名	所在省（市）2020年GDP	该市占所在省的GDP占比	2020年经济形势
1	上海	上海	37987.55	38700.58	1.88%	15	38700.58	100.00%	正增长
2	北京	北京	35371.3	36102.6	2.07%	14	36102.6	100.00%	正增长
3	深圳	广东	26992.33	27670.24	2.51%	12	110760.94	24.98%	增速高于全国
4	广州	广东	23845	25019.11	4.92%	4	110760.94	22.59%	增速高于全国
5	重庆	重庆	23605.77	25002.79	5.92%	1	25002.79	100.00%	增速高于全国
6	苏州	江苏	19235.8	20170.5	4.86%	6	102700	19.64%	增速高于全国
7	成都	四川	17012.65	17716.7	4.14%	9	48598.76	36.46%	增速高于全国
8	杭州	浙江	15373.05	16106	4.77%	7	64613	24.93%	增速高于全国
9	武汉	湖北	16223.21	15616.1	-3.74%	18	43443.46	35.95%	负增长
10	南京	江苏	14030.15	14817.95	5.62%	2	102700	14.43%	增速高于全国
11	天津	天津	14055.46	14083.73	0.20%	17	14083.73	100.00%	正增长
12	宁波	浙江	11985.1	12408.7	3.53%	11	64613	19.20%	增速高于全国
13	青岛	山东	11741.31	12400.56	5.61%	3	73129	16.96%	增速高于全国
14	无锡	江苏	11852.32	12370.48	4.37%	8	102700	12.05%	增速高于全国
15	长沙	湖南	11574.22	12142.52	4.91%	5	41781.49	29.06%	增速高于全国
16	郑州	河南	11589.7	12003	3.57%	10	54997.07	21.82%	增速高于全国
17	佛山	广东	10751.02	10816.47	0.61%	16	110760.94	9.77%	正增长
18	泉州	福建	9946.66	10158.66	2.13%	13	43903.89	23.14%	正增长

图 4-53　2020 年 GDP 前 18 名城市

步骤 2：对计算后的工作表进行简要统计分析。计算函数时可使用步骤 1 演示的【插入函数】命令，也可以采用直接输入函数的方法。

① 分别计算前 18 名城市 2020 年 GDP 增速的平均值、最大值、最小值。

在 L3 单元格中输入"2020 年 GDP 平均增速"，在 M3 单元格中输入"=AVERAGE (F3:F20)"后按回车键。

在 L4 单元格中键入"2020 年 GDP 增速最高"，在 M4 单元格中输入"=MAX(F3:F20)"后按回车键。

在 L5 单元格中键入"2020 年 GDP 增速最低"，在 M5 单元格中输入"=MIN(F3:F20)"后按回车键。

结果如图 4-54 所示。

2020年GDP平均增速	3.22%
2020年GDP增速最高	5.92%
2020年GDP增速最低	-3.74%

图 4-54　2020 年 GDP 前 18 名城市简要分析

② 对江苏省入选城市进行分析。

统计江苏省入选 2020 年 GDP 前 18 名城市数量。在 L6 单元格中输入"江苏省入选城市数量"，在 M6 单元格中输入"=COUNTIF(C3:C20，"江苏")"后按回车键。

统计江苏省入选 2020 年 GDP 前 18 名城市的 GDP 之和。在 L7 单元格中键入"江苏省入选城市的 GDP 之和"，在 M7 单元格中输入"=SUMIF(C3:C20，"江苏"，H3:H20)"后按回车键。

统计属于江苏省且同比增幅高于 4.5% 的城市数量。在 L8 单元格中键入"属于江苏省且同比增幅高于 4.5% 的城市数量"，选中 M8 单元格，选择【公式】|【函数库】功能组，

单击【插入函数】命令，弹出【插入函数】对话框。在常用函数中选择"COUNTIFS"，按图 4-55 所示输入参数，单击【确定】按钮。

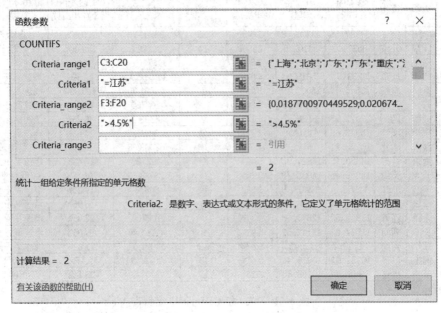

图 4-55 　"COUNTIFS"参数

③ 统计属于江苏省且同比增幅高于 4.5%的城市平均 GDP。在 L9 单元格中输入"属于江苏省且同比增幅高于 4.5%的城市平均 GDP"，选中 M9 单元格，选择【公式】|【函数库】功能组，单击【插入函数】命令，弹出【插入函数】对话框。在常用函数中选择"AVERAGEIFS"，按图 4-56 所示输入参数，单击【确定】按钮。

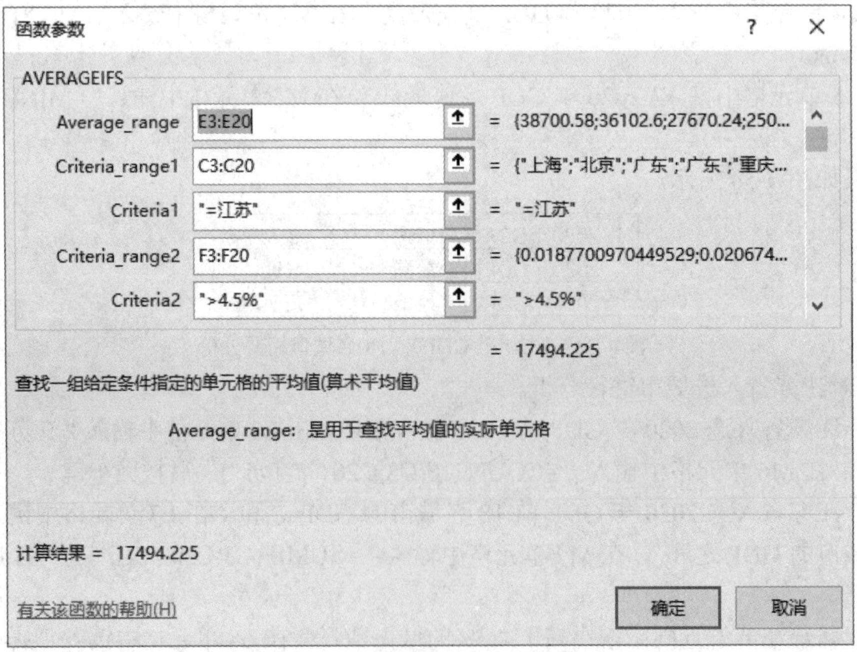

图 4-56 　"AVERAGEIFS"参数

对江苏省入选城市分析结果如图 4-57 所示。

江苏省入选城市数量	3
江苏省入选城市的GDP之和	308100.00
属于江苏省且同比增幅高于4.5%的城市数量	2
属于江苏省且同比增幅高于4.5%的城市平均GDP	17494.225

图 4-57　江苏省入选城市分析

步骤 3：进行数据分类汇总。

首先将数据清单按"省份"进行排序。然后选定数据清单中任意单元格，选择【数据】|【分级显示】功能组，单击【分类汇总】命令，弹出【分类汇总】对话框，按图 4-58 所示选择分类字段；单击【确定】按钮，即可看到汇总结果，如图 4-59 所示。

图 4-58　【分类汇总】对话框

1 2 3		A	B	C	D	E	F	G	H	I	J
	1					**2020年GDP前18名城市**					
	2	序号	城市	省份	2019年GDP	2020年GDP	2020年GDP增速	2020年GDP增速排名	所在省（市）2020年GDP	该市占所在省的GDP占比	2020年经济形势
	3	2	北京	北京	35371.3	36102.6	2.07%	14	36102.6	100.00%	正增长
	4			北京平均值		36102.6					
	5	18	泉州	福建	9946.66	10158.66	2.13%	13	43903.89	23.14%	正增长
	6			福建平均值		10158.66					
	7	3	深圳	广东	26992.33	27670.24	2.51%	12	110760.94	24.98%	增速高于全国
	8	4	广州	广东	23845	25019.11	4.92%	4	110760.94	22.59%	增速高于全国
	9	17	佛山	广东	10751.02	10816.47	0.61%	16	110760.94	9.77%	正增长
	10			广东平均值		21168.607					

图 4-59　【分类汇总】部分结果

步骤 4：制作数据透视表。

① 建立数据透视表，统计各省份入选 2020 年 GDP 前 18 名城市数量。选定数据清单中任意单元格，选择【插入】|【表】功能组，单击【数据透视表】命令，弹出【创建数据透视表】对话框，按图 4-60 所示输入内容。

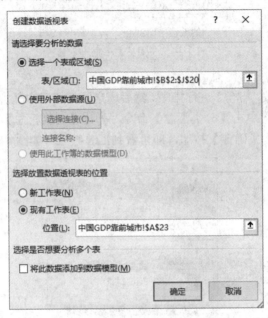

图 4-60 【创建数据透视表】对话框

单击【确定】按钮，显示【数据透视表字段】任务窗格，将字段"省份"拖动到【行】区域，再将字段"城市"拖动到【值】区域。此时完成各省(市)有几个城市入选名单的统计工作，如图 4-61 所示。

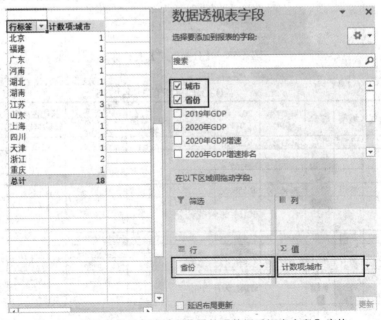

图 4-61 统计各省份入选城市数量的【数据透视表字段】窗格

②　使用数据透视表查看各省入选城市详情。同上一步，新建数据透视表，打开【数据透视表字段】任务窗格，将字段"省份"拖动到【筛选】区域，将字段"城市"拖动到【行】区域，将字段"2020 年 GDP"和"该市占所在省的 GDP 占比"拖动到"值"区域，即可完成按省份查看入选城市 GDP 信息，如图 4-62 所示。

图 4-62　按省份筛选的【数据透视表字段】任务窗格

4.4　习　　题

一、选择题

1. Excel 2016 的主要功能包括(　　)。
A. 文字处理、函数、公式　　　　　　B. 电子表格、图表、数据库
C. 公式、图表、表格　　　　　　　　D. 图片处理、公式计算、电子表格

2. Excel 工作表的列数最大为(　　)。
A. 255　　　　　B. 256　　　　　C. 1024　　　　　D. 16 384

3. 在 Excel 的单元格内输入日期时，年、月、日分隔符可以是(　　)。
A. "/"或"-"　　　　　　　　　　　　B. "."或"|"
C. "/"或"\"　　　　　　　　　　　　D. "\"或"-"

4. 在 Excel 2016 中如需输入分数 4/5，正确的输入方式为(　　)。
A. 0 4/5　　　　　　　B. '4/5　　　　　　　C. "4/5　　　　　　　D. 4/5

5. 在 Excel 2016 中如需把数字作为文本输入，如输入学号 1503202009，正确的输入方式为(　　)。
A. '1503202009　　　　　　　　　　B. 1503202009
C. "1503202009"　　　　　　　　　　D. //1503202009

6. 在 Excel 2016 中如需输入当天的日期，正确的输入方式为(　　)。

A. 按 Ctrl + ";" 键　　　　　　　　　B. 按 Ctrl + "," 键

C. 按 Ctrl + Shift + ";" 键　　　　　D. 按 Shift + ";" 键

7. 在 Excel 2016 中如需输入当前的时间，如 "11:18"，正确的输入方式为(　　)。

A. 按 Shift + ";" 键　　　　　　　　B. 按 Ctrl + "," 键

C. 按 Ctrl + Shift + ";" 键　　　　　D. 按 Ctrl + ";" 键

8. 在 Excel 2016 中默认的单元格引用方式为(　　)。

A. 绝对引用　　　B. 相对引用　　　C. 混合引用　　　D. 直接引用

9. 在 Excel 2016 中如设定某个单元格的数字格式为整数，当输入 "10.89" 后，则显示为(　　)。

A. 10.89　　　　　B. 10　　　　　C. 11　　　　　D. 10.8

10. 如 D2 单元格的内容为 "=B2*C2"，当该单元格被复制到 E3 单元格时，则 E3 单元格的内容为(　　)。

A. =C3*D3　　　B. =B2*C2　　　C. =C2*D2　　　D. =B3*C3

11. 如某工作表单元格 D3 中的公式是 "=A3+$B$3+C$3"，若复制该公式到单元格 D4，那么复制后 D4 中的公式为(　　)。

A. =A4+$B$4+C3　　　　　　　　B. =A4+$B$3+C4

C. =A4+$B$3+C$3　　　　　　　　D. =A3+$B$4+C$3

12. 如 A1 单元格内容为 "你好"，B1 单元格内容为 "中国!"，若在 C1 单元格中输入 "=A1&B1"，则显示为(　　)。

A. 你好&中国!　　　　　　　　　　B. 你好中国!

C. 中国!你好　　　　　　　　　　　D. 中国!&你好

13. 在 Excel 2016 中，"B2:C3" 包含的单元格有(　　)。

A. B2、C3　　　　　　　　　　　　B. B2.B3、C2、C3

C. B2、B3、C3　　　　　　　　　　D. B2、C2、C3

14. 在 Excel 2016 中，"B2:B3，C3:C4" 包含的单元格有(　　)。

A. B2、B3、C3、C4　　　　　　　　B. B2、C3、C4

C. B2、B3、C3　　　　　　　　　　D. B2、C4

15. 在 Excel 2016 中，"B2:C4，C4:D4" 包含的单元格有(　　)。

A. B2、C2、C3、D3、C4、D4　　　B. B2、C2、C3、D3

C. B2、C2、C3、D4　　　　　　　　D. C4

16. 在 Excel 中，在做自动分类汇总操作之前，需要完成的是(　　)。

A. 对工作表进行筛选　　　　　　　B. 对工作表中需要分类的列排序

C. 选定任意单元格　　　　　　　　D. 选中整个工作表

17. 在 Excel 2016 中，下面说法不正确的是(　　)。

A. 新建工作表默认名为 "工作表 1"

B. 同一工作簿里可以建立多张工作表

C. 可以为工作表重命名

D. 工作表可以复制到其他工作簿内

18. 在 Excel 的某个单元格中输入 "=IF(2>1,2,1)"，显示为(　　)。

　A. =IF(2>1,2,1)　　　　　B. 2>1　　　　　　C. 2　　　　　　D. 1

19. 在 Excel 的某个单元格中输入 "=AVERAGE(5, 7)-7"，显示为(　　)。

　A. =AVERAGE(5, 7)-7　　　B. 5　　　　　　C. -7　　　　　　D. -1

20. 在 Excel 中某个单元格中输入 "=SUM(1, 2+3, IF("4">3, TRUE, FALSE))"，显示为(　　)。

　A. SUM(1, (2+3), IF("4">3, TRUE, FALSE))

　B. TRUE　　　　　　　C. FALSE　　　　　　D. 7

21. 在 Excel 2016 中，如需在某个单元格内输入计算公式，则应在表达式前加(　　)。

　A. 等号 "="　　　　　　　　　　　　B. 单撇号 "'"

　C. 问号 "?"　　　　　　　　　　　　D. 感叹号 "!"

22. 在 Excel 2016 中，对某个数据表如需醒目显示小于零的数据，且保持原表基本形状不变，则应采用(　　)命令最便捷。

　A. 筛选　　　　　B. 查找　　　　　C. 条件格式　　　D. 替换

23. 关于删除工作表的叙述错误的是(　　)。

　A. 工作表被删除后不可恢复

　B. 可以选定当前工作表标签，从右键快捷菜单中单击【删除】即可删除当前工作表

　C. 如果想恢复刚刚删除的工作表，可单击工具栏的【撤销】按钮

　D. 选择【开始】菜单中的【单元格】功能组，单击【删除工作表】即可删除当前工作表

二、操作题

(1) 打开文件 "D:\素材\chap4\gdp.xlsx"，选中 "2020 年世界 GDP 前 15 名国家" 工作表，将其复制到实验一已建立的工作簿文件 "chap04.xlsx"，将新数据表命名为 "2020 年世界 GDP 前 15 名国家"。

(2) 在 F2 单元格输入 "占全世界 GDP 比例"，在 F3:F15 单元格中计算相应国占全世界 GDP 的比例。在 G2 单元格输入 "2020 年经济形势"，在 G3:G15 单元格中设置如下：如该国 GDP 增速大于零，显示 "实现正增长"，如增速小于等于零且大于–4%，显示 "经济衰退"，如增速小于等于–4%，显示 "经济严重衰退"。最后，对数据表进行格式化，如图 4-63 所示。

	A	B	C	D	E	F	G
1				2020年世界GDP前15名国家			
2	序号	国家（地区）	所在洲	2020年GDP（万亿美元）	2020年GDP增速	占全世界GDP比例	2020年经济形势
3	1	美国	北美洲	20.95	-3.30%	23.86%	经济衰退
4	2	中国	亚洲	14.34	2.30%	16.33%	实现正增长
5	3	日本	亚洲	5.05	-4.80%	5.75%	经济严重衰退
6	4	德国	欧洲	3.81	-4.90%	4.34%	经济严重衰退
7	5	英国	欧洲	2.71	-9.90%	3.09%	经济严重衰退
8	6	印度	亚洲	2.62	-7.00%	2.98%	经济严重衰退
9	7	法国	欧洲	2.60	-8.20%	2.96%	经济严重衰退
10	8	意大利	欧洲	1.89	-8.90%	2.15%	经济严重衰退
11	9	加拿大	北美洲	1.64	-5.40%	1.87%	经济严重衰退
12	10	韩国	亚洲	1.63	-1.00%	1.86%	经济衰退
13	11	俄罗斯	欧洲	1.47	-3.10%	1.68%	经济衰退
14	12	巴西	南美洲	1.44	-4.10%	1.64%	经济严重衰退
15	13	澳大利亚	大洋洲	1.36	-1.10%	1.55%	经济衰退
16	14	西班牙	欧洲	1.28	-11.00%	1.46%	经济严重衰退
17	15	墨西哥	南美洲	1.08	-8.20%	1.23%	经济严重衰退
18		全世界总计		87.80			

图 4-63　2020 年世界 GDP 前 15 名国家

(3) 在 D21 单元格中输入 "2020 年 GDP 平均增速"，并在 E21 单元格计算数据表中 15 个国家 GDP 增速平均值。在 D22 单元格中输入 "2020 年 GDP 最高增速"，并在 E22 单元格计算 15 个国家 GDP 增速的最高值。在 D23 单元格中输入 "2020 年 GDP 最低增速"，并在 E23 单元格计算 15 个国家 GDP 增速的最低值。在 D24 单元格中输入 "亚洲国家数量"，并在 E24 单元格计算 15 个国家中有几个是亚洲国家。在 D25 单元格中输入 "亚洲国家 GDP 占比之和"，并在 E25 单元格计算 15 个国家中亚洲国家的 GDP 占比之和。如图 4-64 所示。

2020年GDP平均增速	-5.24%
2020年GDP最高增速	2.30%
2020年GDP最低增速	-11.00%
亚洲国家数量	4
亚洲国家GDP占比之和	26.92%

图 4-64　简要数据分析

(4) 筛选 "2020 年 GDP 增速" 高于 –5.38% 且 "占全世界 GDP 比例" 高于 3% 的国家。结果如图 4-65 所示。

	A	B	C	D	E	F	G
2	序号	国家（地区）	所在洲	2020年GDP（万亿美元）	2020年GDP增速	占全世界GDP比例	2020年经济形势
3	1	美国	北美洲	20.95	-3.30%	23.86%	经济衰退
4	2	中国	亚洲	14.34	2.30%	16.33%	实现正增长
5	3	日本	亚洲	5.05	-4.80%	5.75%	经济严重衰退
6	4	德国	欧洲	3.81	-4.90%	4.34%	经济严重衰退

图 4-65　筛选结果

(5) 制作数据透视表。选定数据清单中任意单元格，选择【插入】|【表】功能组，单击【数据透视表】命令，弹出【创建数据透视表】对话框，设定数据表位置后单击【确定】按钮。在【数据透视表字段】任务窗格中，将字段 "所在洲" 拖动到【筛选】区域，即可按 "所在洲" 进行筛选并查看国家 GDP 信息，如图 4-66 所示。

所在洲	北美洲	
行标签	求和项:2020年GDP（万亿美元）	求和项:占全世界GDP比例
加拿大	1.64	0.018678815
美国	20.95	0.238610478
总计	22.59	0.257289294

图 4-66　数据透视表结果

(6) 完成 "2020 年 GDP 增速" 三维簇状柱形图。选定 B2:B17 单元格区域，按住 Ctrl 键再选定 E2:E17，单击【插入】选项卡的【图表】功能组中的【插入柱形图或条形图】命令，在下拉选项中单击【三维柱形图】中的 "三维簇状柱形图"。在【图表工具】|【设计】选项卡的【图表样式】功能组中，选择 "样式 1"。接下来，加上【数据标签】并去掉【主要纵坐标轴】。最后将 "数据系列" 改为 "圆柱形"，并设置【依数据点着色】，并把 "中国" 对应柱体改为 "红色"。最终效果如图 4-67 所示。

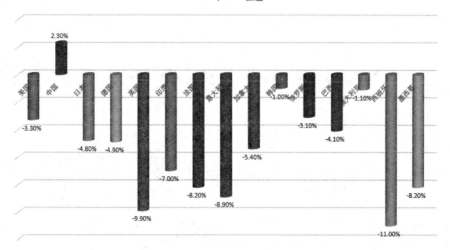

图 4-67 "2020 年 GDP 增速"三维簇状柱形图

(7) 假设 2020 年年度平均汇率为 6.9 元人民币兑换 1 美元，请将工作表"中国 GDP 前十省份"中的广东省 2020 年 GDP 数据加入"2020 年世界 GDP 前 15 名国家"工作表，对表格进行格式化，并根据 GDP 规模和 GDP 增速分别进行排序。

第5章　PowerPoint 2016电子演示文稿处理

5.1　学 习 要 求

(1) 熟悉 PowerPoint 2016 的基本功能、运行环境、启动和退出操作。

(2) 掌握演示文稿的基本操作(包括演示文稿的创建、打开、关闭和保存)。

(3) 掌握演示文稿视图的使用。

(4) 掌握幻灯片的基本操作(编辑版式、插入、移动、复制和删除幻灯片)。

(5) 掌握幻灯片的基本制作(插入文本、图片、艺术字、形状、表格等)。

(6) 掌握演示文稿的主题选用和幻灯片的背景设置。

(7) 掌握演示文稿的放映设计(动画设计、放映方式设计、切换效果设计)。

(8) 熟悉演示文稿的输出(输出为 PDF 格式,打印和打包演示文稿)。

5.2　典型例题精讲

例 5-1　演示文稿中每一张演示的单页称作(　　),它是演示文稿的核心。

A. 演示文稿　　　　　　　B. 版式　　　　　　　C. 幻灯片　　　　　　　D. 样式

【解析】注意区别两个不同的概念。演示文稿是由多张幻灯片组成,演示文稿中的每一页称为幻灯片。

【答案】C

例 5-2　下列有关 PowerPoint 2016 演示文稿外观设计的描述中,错误的是(　　)。

A. 一篇演示文稿中不同幻灯片的配色方案可以不同

B. 在任何视图方式下都无法对母版进行编辑与修改

C. 选定幻灯片的设计模板后,仍可以改变

D. 幻灯片中的超链接设置只有在放映时才有作用

【解析】B 选项描述过于绝对。在母版视图下,可以对幻灯片的母版进行编辑与修改,所以此项描述错误。

【答案】B

例 5-3　在 PowerPoint 2016 演示文稿中,下列叙述错误的是(　　)。

A. 在普通视图中,可以为幻灯片添加备注内容

B. 母版格式一旦设定,新增的幻灯片格式就不可改变

C. 幻灯片的大小(尺寸)能够调整

D. 在幻灯片母版视图中，可对母版进行编辑与修改

【解析】在普通视图中，可以为幻灯片添加备注内容。幻灯片备注是用来对幻灯片中的内容进行解释、说明或补充的文字性材料，便于演讲者讲演或修改；在幻灯片母版视图中，可以对母版进行编辑与修改；设定母版格式后，新增的幻灯片仍然可以设定格式。

在【设计】选项卡的【自定义】功能组中，可以对幻灯片的大小(尺寸)重新调整。

所以，B 选项描述错误。

【答案】B

例 5-4　在 PowerPoint 2016 中，在浏览视图下，按住 Ctrl 键并拖动某张幻灯片，可以完成(　　)操作。

A. 移动幻灯片　　B. 删除幻灯片　　C. 复制幻灯片　　D. 选定幻灯片

【解析】在浏览视图下，选择某张幻灯片直接拖动，可以完成移动幻灯片的操作；按住 Ctrl 键并拖动某张幻灯片，可以完成复制幻灯片的操作。

【答案】C

例 5-5　在 PowerPoint 2016 中，下列有关幻灯片背景的说法错误的是(　　)。

A. 用户可以为幻灯片设置不同的颜色、阴影、图案或者纹理的背景

B. 用户可以使用图片作为幻灯片背景

C. 用户可以为单张幻灯片进行背景设置

D. 不可以同时对多张幻灯片设置背景

【解析】在 PowerPoint 2016 中，可以在【设计】选项卡下的【自定义】功能组中，设置幻灯片的背景格式。背景格式可以是纯色填充、渐变填充、图片或纹理填充和图案填充；用户可以对单张幻灯片设置背景，也可以同时对多张幻灯片设置背景，还可以对幻灯片设置不同的背景样式。所以，D 选项描述错误。

【答案】D

例 5-6　在 PowerPoint 2016 中，如果要从第 3 张幻灯片跳转到第 8 张幻灯片，可以在第 3 张幻灯片上设置(　　)。

A. 动作按钮　　B. 预设动画　　C. 幻灯片切换　　D. 自定义动画

【解析】幻灯片间的超链接可以通过动作按钮实现。本题正确选项应为 A 选项。

【答案】A

例 5-7　在 PowerPoint 2016 中，在空白幻灯片中不可以直接插入(　　)。

A. 艺术字　　　　B. 公式　　　　C. 文字　　　　D. 文本框

【解析】在空白幻灯片中，可以插入图像、图表、文本、媒体等，但无法直接插入文字。插入文字需要通过插入文本框的方法来实现。

【答案】C

例 5-8　在 PowerPoint 2016 中，插入图像可以是(　　)。

① 本地的图片

② 联机图片

③ 屏幕剪辑

④ 可用的视窗

A. ①　　　　　B. ①②③④　　　　C. ③④　　　　D. ①②③

【解析】在 PowerPoint 2016 中，插入图像可以是本地的某张图、网络上的联机图片，也可以是屏幕截图。屏幕截图包括可用的视窗和屏幕剪辑。可用的视窗是指应用程序的窗口；屏幕剪辑是指自定义大小的屏幕内容。所以此题的正确选项为 B 选项。

【答案】B

例 5-9　下列关于幻灯片母版的叙述，错误的是(　　)。

A. 不能在母版中插入图片

B. 应用了母版格式后，幻灯片的格式仍可重新进行设置

C. 在母版中可以设置页脚

D. 一篇演示文稿可以有一个或多个母版

【解析】在幻灯片母版中，可以插入图片；应用了母版格式的幻灯片，其格式仍可重新修改；在幻灯片母版中，可以设置日期和时间、页脚、幻灯片编号等；一篇演示文稿可以包含 1 个或多个母版。所以，A 项描述错误。

【答案】A

例 5-10　在 PowerPoint 2016 中，艺术字具有(　　)。

A. 文件属性　　　B. 图形属性　　　C. 字符属性　　　D. 文本属性

【解析】在 PowerPoint 2016 中，通过【插入】选项卡的【文本】功能组，可以插入艺术字。对插入的艺术字，可以设置其形状格式，具有图形的效果。所以此题应选 B 选项。

【答案】B

例 5-11　在 PowerPoint 2016 中，若为幻灯片中的对象设置【擦除】，应选择(　　)。

A. 【切换】选项卡下【切换到此幻灯片】功能组的【擦除】

B. 【设计】选项卡下【自定义】功能组的【动画】

C. 【动画】选项卡下【动画】功能组的【擦除】

D. 【幻灯片放映】选项卡下【设置】功能组的【幻灯片放映】

【解析】在 PowerPoint 2016 中，为幻灯片中的对象设置动画效果，可在【动画】选项卡下的【动画】功能组进行设置；若要设置幻灯片间的切换效果，可在【切换】选项卡下的【切换到此幻灯片】功能组进行设置。所以，此题正确选项应为 C 选择。

【答案】C

例 5-12　在 PowerPoint 2016 中，下列关于在幻灯片中插入图表的说法中，错误的是(　　)。

A. 可以通过直接复制和粘贴的方式将图表插入幻灯片中

B. 只能通过插入包含图表的新幻灯片来插入图表

C. 需先创建一个演示文稿或打开一个已有的演示文稿，再插入图表

D. 单击图表占位符可以插入图表

【解析】在 PowerPoint 2016 中，可以有多种方式插入图表。A、D 选项的方式均可插入图表。C 选项描述也正确。要插入图表，首先必须有演示文稿，然后在演示文稿的某张幻灯片中插入图表。B 选项描述错误。

【答案】B

例 5-13　下列关于幻灯片放映的描述，错误的是(　　)。

A. 可以指定要放映的幻灯片的编号范围

B. 可设置幻灯片循环放映

C. 放映幻灯片时，只能从第一张开始放映

D. 可以任意选择部分幻灯片进行放映

【解析】幻灯片放映时，可以选择从任意一张幻灯片开始放映。

【答案】C

例 5-14　下列关于 PowerPoint 2016 的描述，正确的是(　　)。

A. 将演示文稿另存为"PowerPoint 放映"格式时，其扩展名为 ppts

B. 设置放映方式时，选择全部幻灯片放映，隐藏的幻灯片也会被放映

C. 幻灯片中的超链接只有在放映时才有作用

D. 在放映幻灯片时，按空格键可以结束放映

【解析】将演示文稿另存为"PowerPoint 放映"格式时，其扩展名为 ppsx；幻灯片放映时，即使选择全部幻灯片放映，隐藏的幻灯片也不会被放映；在放映幻灯片时，按 Esc 键结束放映。所以，此题正确选项为 C 选项。幻灯片中的超链接只有在放映时才有作用。

【答案】C

5.3　实　验　操　作

实验一　"社会主义核心价值观"演示文稿制作

1. 实验目的

(1) 掌握 PowerPoint 2016 的启动、退出和保存操作。

(2) 掌握演示文稿的创建方法。

(3) 掌握幻灯片制作及格式化的方法。

(4) 掌握在幻灯片中插入各种对象的方法。

2. 实验内容

制作如图 5-1 所示的 PowerPoint 2016 演示文稿。

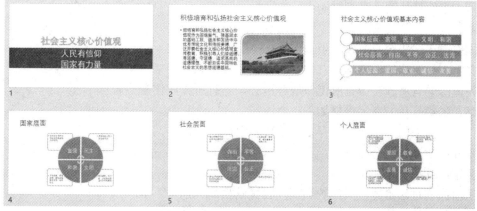

图 5-1　创建后的演示文稿样图

(1) 启动 PowerPoint 2016，创建空演示文稿。

(2) 制作标题为"社会主义核心价值观"、副标题为"人民有信仰，国家有力量"的幻灯片。

要求：

① 主标题字为艺术字"填充-橙色，着色 2，轮廓-着色 2"；副标题为"人民有信仰，国家有力量"，字体为黑体，字体大小为 55，字体颜色为白色。

② 副标题的形状填充色为深红，副标题的形状位置为从"左上角"，水平位置为 0 厘米，垂直位置为 10 厘米。

(3) 设计演示文稿第 2 张幻灯片。

要求：

① 插入版式为"两栏内容"的幻灯片，标题区输入"积极培育和弘扬社会主义核心价值观"，左侧栏输入如下文字：

把培育和弘扬社会主义核心价值观作为凝魂聚气、强基固本的基础工程，继承和发扬中华优秀传统文化和传统美德，广泛开展社会主义核心价值观宣传教育，积极引导人们讲道德、尊道德、守道德，追求高尚的道德理想，不断夯实中国特色社会主义的思想道德基础。

② 将"D:\素材\chap5\exper01"中的图片文件 tam.jpg 插入到右侧栏中，图片样式为"圆形对角，白色"，图片效果为"发光/橙色，5pt 发光，个性色 2"。

(4) 插入一张"标题和内容"版式的幻灯片，标题区输入"社会主义核心价值观基本内容"，内容区输入如下 3 行文字：

国家层面：富强、民主、文明、和谐

社会层面：自由、平等、公正、法治

个人层面：爱国、敬业、诚信、友善

将内容区的上述文字转换成版式为"垂直曲形列表"的 SmartArt 对象，并设置其颜色为"渐变范围-个性色 2"。

(5) 设计第 4、5、6 张幻灯片。

要求：插入版式为"仅标题"的幻灯片，标题内容为"国家层面"，在标题下方区域插入版式为"循环矩阵"的 SmartArt 图片。

第 4 张幻灯片的文字素材如下：

富强：社会主义现代化国家经济建设的应然状态

民主：实质和核心是人民当家作主

文明：是民族的、科学的、大众的社会主义文化的概括

和谐：学有所教，劳有所得，病有所医，老有所养，住有所居

第 5 张幻灯片的文字素材如下：

自由：指人的意志自由、存在和发展的自由

平等：法律面前一律平等，要求尊重和保障人权

公正：社会公平和正义

法治：通过法治建设来维护和保障公民的根本利益

第 6 张幻灯片的文字素材如下：

爱国：要求人们以振兴中华为己任，促进民族团结、维护祖国统一、自觉报效祖国

敬业：要求公民忠于职守，克己奉公，服务人民，服务社会

诚信：强调诚实劳动、信守承诺、诚恳待人

友善：公民之间应互相尊重、互相关心、互相帮助、和睦友好，形成社会主义新型人际关系

(6) 完成上述幻灯片制作后，将演示文稿保存至"D:\chapter05\实验"文件夹中，文件名命名为"实验 1_社会主义核心价值观"。

3．实验步骤

步骤 1：启动 PowerPoint 2016，创建空演示文稿。

① 单击【开始】|【所有程序】|【Microsoft 2016】|【Microsoft PowerPoint 2016】命令，启动 PowerPoint 2016。

② 在"搜索联机模板和主题"下，单击【空白演示文稿】，即可创建一个"空演示文稿"，并附带一张版式为"标题幻灯片"的幻灯片。

步骤 2：制作第 1 张幻灯片。

① 在第 1 张幻灯片的标题区输入"社会主义核心价值观"，副标题区输入"人民有信仰"，按回车键，再输入"国家有力量"。

② 格式化第 1 张幻灯片。

设置主标题字的样式：选中第 1 张幻灯片的主标题文字"社会主义核心价值观"，在【绘图工具】|【格式】选项卡的【艺术字样式】功能组中，单击下拉按钮 ，在弹出的【艺术字样式】下拉列表中选择"填充-橙色，着色 2，轮廓-着色 2"的艺术字，完成艺术字样式的设置。

设置副标题的形状样式：选中副标题的形状样式，在【绘图工具】|【格式】选项卡下的【形状样式】功能组中，单击右下角的形状样式启动器按钮 ，打开【设置形状格式】任务窗格，选择【纯色填充】，设置【颜色】为"深红"；单击"大小和属性"图标 ，再单击【位置】列表项，设置【水平位置】为"0 厘米"，【垂直位置】为"10 厘米"，均为【从】"左上角"，如图 5-2 所示。

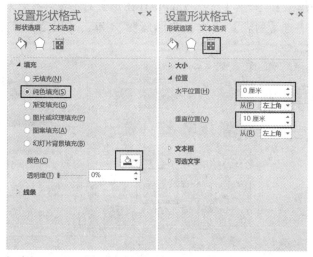

图 5-2　设置副标题形状格式

设置副标题字的样式：选中副标题"人民有信仰……"，在【开始】选项卡的【字体】功能组中，设置副标题的字体为"黑体"，字体大小为"55"，字体颜色为"白色"，如图5-3所示。

图 5-3　设置字体

步骤3：设计演示文稿第2张幻灯片。

① 在【开始】选项卡的【幻灯片】功能组中，单击【新建幻灯片】命令按钮，在弹出的【Office 主题】下拉列表中选择版式为"两栏内容"的幻灯片。

② 在该幻灯片标题区输入"积极培育和弘扬社会主义核心价值观"，左侧栏输入实验内容(3) -①中的文字。

③ 选择右侧栏，单击【插入】|【图像】|【图片】命令按钮，弹出【插入图片】对话框。在该对话框中，选择图片的路径(D:\素材\chap05\exper01\tam.jpg)，单击【插入】按钮，插入为名 tam.jpg 图片。

④ 选择右侧栏的图片 tam.jpg,在【图片工具】|【格式】选项卡的【图片样式】功能组中，单击其右侧的下拉箭头，在弹出的"图片样式"下拉列表中选择"圆形对角，白色"；单击【图片效果】命令按钮，在弹出的下拉列表中选择【发光】菜单项下的"发光/橙色，5pt 发光，个性色 2"。

步骤4：插入一张"标题和内容"版式的幻灯片。

① 同步骤 3-①的操作，插入"标题和内容"的幻灯片。

② 在标题区输入标题"社会主义核心价值观基本内容"，内容区按行输入实验内容(4)中的 3 行文字。

③ 选中内容区的 3 行文字,单击鼠标右键,在弹出的快捷菜单中选择【转换为 SmartArt】|【其他 SmartArt 图形…】，弹出【选择 SmartArt 图形】对话框。

④ 在该对话框中选【列表】|"垂直曲形列表"，单击【确定】按钮，如图 5-4 所示。

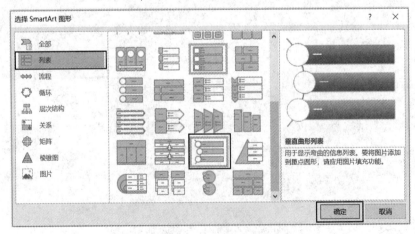

图 5-4　【选择 SmartArt 图形】对话框

⑤ 选中该 SmartArt 图形对象，在【SmartArt 工具】|【设计】选项卡的【SmartArt 样式】功能组中，单击【更改颜色】命令按钮，在弹出的下拉列表中选择"渐变范围-个性色2"，如图 5-5 所示。

图 5-5 设置 SmartArt 图形对象的颜色

步骤 5：设计第 4 张幻灯片。

① 同步骤 3-①的操作，插入"标题和内容"的幻灯片。

② 在标题区输入"国家层面"。

③ 光标定位到内容区，单击【插入】|【插图】功能组的【SmartArt】命令按钮，弹出【选择 SmartArt 图形】对话框，选择【矩阵】，在列表右侧选择"循环矩阵"，即可完成插入"循环矩阵"的操作，如图 5-6 所示。

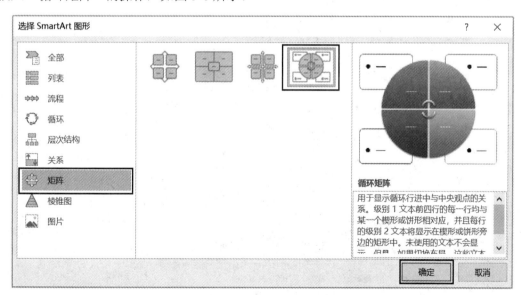

图 5-6 【选择 SmartArt 图形】对话框

④ 单击"循环矩阵"的相应区域，激活相应区域，输入文字，如图 5-7 所示。

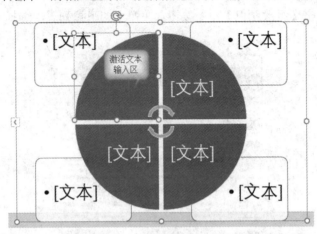

图 5-7　在"循环矩阵"中输入文本

提示：如果对"循环矩阵"的配色不满意，可重新进行设置。选中"循环矩阵"，在【SmartArt 工具】|【设计】选项卡的【SmartArt 样式】功能组中，单击右侧的下拉箭头选择其他样式，或者单击【更改颜色】命令按钮，在弹出的【主题颜色(主色)】下拉列表中，选择其他配色。本实验中选用的是"彩色填充，个性色 2"的颜色，如图 5-8、图 5-9 所示。

图 5-8　在【SmartArt 样式】功能组中更改 SmartArt 的样式

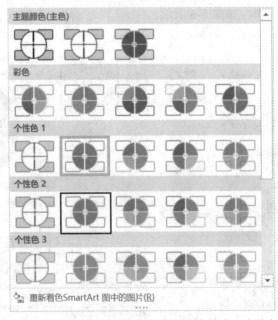

图 5-9　在【主题颜色(主色)】中选择"彩色填充，个性色 2"

按步骤 5 的方法，完成第 5、6 张幻灯片的设计。

步骤 6：保存文件。

① 单击【文件】选项卡，在弹出的下拉列表中选择【保存】命令，屏幕显示【另存为】选择界面。

② 选择【浏览】或【这台电脑】，打开【另存为】对话框。

③ 将文件保存到"D:\素材\chap5\exper01"文件夹下，在【文件名】文本框中输入"实验 1_社会主义核心价值观"。

④ 单击【保存】按钮，保存文件。

实验二　"社会主义核心价值观"演示文稿的外观设计

1. 实验目的

(1) 掌握幻灯片母版的设置方法。

(2) 掌握幻灯片背景的设置方法。

(3) 学习应用幻灯片主题。

2. 实验内容

(1) 在实验一的基础上，在母版视图下，完成下述要求。实验后的效果如图 5-10 所示。

要求：

① 设置幻灯片的标题字体为仿宋，字号为 42，加粗。

② 设置幻灯片的第 1 张背景图为"D:\素材\chap5\exper01"下的图片 bg.jpg，其他幻灯片的背景图为该路径下的图片 bg2.jpg。

③ 为幻灯片设计页脚，显示幻灯片的编号(首页不显示)、日期和时间，文本内容为"社会主义核心价值观"。

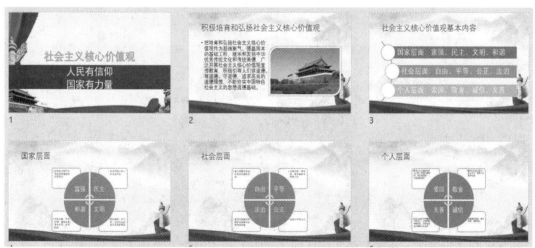

图 5-10　"设置幻灯片母版样式"效果图

(2) 设计幻灯片主题。在第 4、5、6 张幻灯片中应用内置主题"丝状"。

3. 实验步骤

步骤 1：设计幻灯片母版。

①　在【视图】选项卡的【母版视图】功能组中，单击【幻灯片母版】命令按钮，进入"幻灯片母版"视图，如图 5-11 所示。

图 5-11　切换到"幻灯片母版"视图

②　设置幻灯片的标题字。在幻灯片列表区选中"Office 主题 幻灯片母版"后，在【开始】选项卡的【字体】功能组中，设置母版标题字体为仿宋，42 号字，加粗。

③　设置幻灯片背景。在母版视图下，在幻灯片列表区选中"Office 主题 幻灯片母版"后，在【幻灯片母版】选项卡的【背景】功能组中，单击【背景样式】下拉按钮，在弹出的下拉列表中，单击【设置背景格式...】按钮，打开【设置背景格式】任务窗格，如图 5-12 所示。

图 5-12　【设置背景格式】任务窗格

④　在【设置背景格式】任务窗格的【填充】选项组中，选择【图片或纹理填充】单选项；在【插入图片来自】区中，单击【文件...】按钮，打开【插入图片】对话框，选择"D:\素材\chap5\exper01"下的图片：bg2.jpg，则会将 bg2.jpg 应用于所有幻灯片。

⑤　设置第 1 张幻灯片的背景。在母版视图下，在左侧幻灯片列表中，选择版式为"标题幻灯片"的幻灯片，按上述方法，设置第 1 张幻灯片的背景为 bg.jpg.

⑥ 设置幻灯片的页脚。在【插入】选项卡的【文本】功能组中，单击【页眉和页脚】命令按钮，打开【页眉和页脚】对话框。在该对话框中，单击【幻灯片】选项卡，勾选【日期和时间】、【幻灯片编号】、【页脚】、【标题幻灯片不显示】复选框，在【页脚】复选框下的文本区输入："社会主义核心价值观"，单击【应用】按钮，如图 5-13 所示。

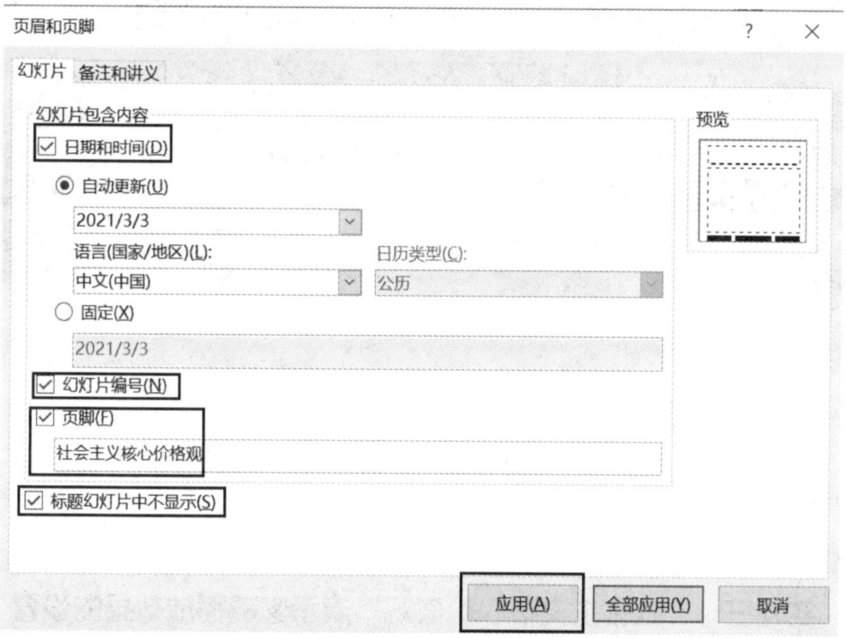

图 5-13　【页眉和页脚】对话框

⑦ 关闭【母版视图】，回到【普通视图】，即可看到在设置【母版视图】后的效果。

提示：如果对设置的页脚样式不满意，可以重新设置。具体操作如下：

在幻灯片列表区选中"Office 主题 幻灯片母版"后，切换到【开始】选项卡，选中"页脚区"的对象，在【字体】组对其进行重新设置。

步骤 2：设置幻灯片主题。

① 选中第 4、5、6 张幻灯片，在【设计】选项卡的【主题】功能组中，单击右下角的下拉箭头，打开【Office】主题列表框，如图 5-14 所示。

图 5-14　幻灯片主题设置

② 在弹出的【Office】主题列表框中，右击主题样式"丝状"(第 2 行第 2 列)，在弹出的快捷菜单中选择【应用于选定幻灯片】，如图 5-15 所示。

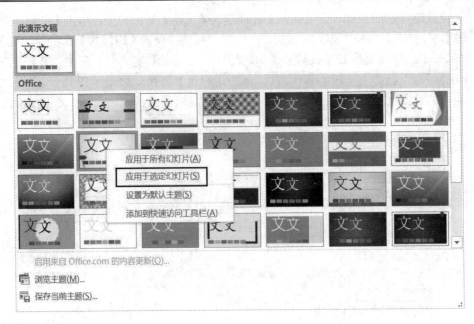

图 5-15　将【丝状】主题应用于选定幻灯片

步骤 3：保存演示文稿。将完成外观设置的演示文稿保存到"D:\素材\chap5\exper02"文件夹中，文件名命名为：实验 2_社会主义核心价值观。

实验三　"社会主义核心价值观"演示文稿播放效果的设置

1. 实验目的
(1) 掌握幻灯片对象的动画效果的设置方法。
(2) 掌握幻灯片间切换的设置方法。
(3) 学习使用超链接和动作按钮。

2. 实验内容
基于实验二的结果，按要求完成下述实验内容。

(1) 设置幻灯片对象的动画效果。

要求：为第 2 张幻灯片的标题"积极培育和弘扬社会主义核心价值观"添加动画效果。进入效果为擦除；效果选项为自左侧；单击鼠标时开始；持续时间为慢速(3 秒)；动画文本为按字母。

(2) 设置幻灯片间的切换效果。

要求：对演示文稿"社会主义核心价值观"所有幻灯片设置切换效果。切换方式为推入；效果为自右侧；持续时间为 1 s，每隔 3 s 自动换片。

(3) 在演示文稿"社会主义核心价值观"中插入超链接。

要求：单击第 3 张幻灯片的"个人层面"链接到第 6 张幻灯片。

(4) 为演示文稿设置动作按钮。

要求：在第 6 张幻灯片右下方添加【后退】动作按钮，单击【后退】动作按钮可跳回至第 3 张幻灯片。

3. 实验步骤

步骤 1：设置幻灯片对象的动画效果。

① 选中第 2 张幻灯片的标题。

② 在【动画】选项卡的【动画】功能组中，单击【擦除】命令按钮。

③ 单击【动画】选项卡的【动画】功能组右下角的对话框启动器按钮，打开【擦除】对话框。选择【效果】选项卡，在【设置】组中，设置【方向】为"自左侧"；在【增强】组中，设置【动画文本】为"按字母"，如图 5-16 所示；选择【计时】选项卡，设置【开始】为"单击时"，在【期间】下拉列表中选择"慢速(3 秒)"选项，如图 5-17 所示。

 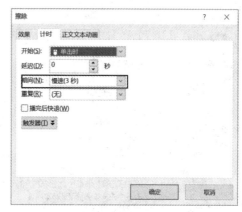

图 5-16　设置【动画效果】　　　　　　图 5-17　设置【计时】

⑥ 单击快速访问工具栏上的【保存】按钮，将设置的动画效果保存。

步骤 2：设置幻灯片间的切换效果。

① 在【视图】选项卡的【演示文稿视图】功能组中，单击【幻灯片浏览】命令按钮，切换到"幻灯片浏览"视图；在该视图下，按功能键 Ctrl + A，选中所有的幻灯片。

② 在【切换】选项卡的【切换到此幻灯片】功能组中，单击【随机线条】命令按钮，为所有幻灯片设置【随机线条】的切换方式；单击【效果选项】命令按钮，在弹出的下拉列表中，选择"水平"的方式 ，如图 5-18 所示。

图 5-18　幻灯片间的【切换效果】设置

③ 在【切换】选项卡的【计时】功能组中，设置幻灯片的【持续时间】为 1 s；取消勾选【单击鼠标时】，勾选【设置自动换片时间】复选框，将时间设置为 3 s，如图 5-19 所示。

图 5-19　幻灯片间的切换时间设置

步骤 3：为演示文稿设计超链接，单击第 3 张幻灯片的"个人层面"链接到第 6 张幻灯片。

① 切换到幻灯片"普通视图"，单击第 3 张幻灯片，设置"个人层面"作为超链接的起点。

② 单击【插入】选项卡【链接】功能组中的【超链接】命令按钮，弹出【编辑超链接】对话框。

③ 在【编辑超链接】对话框中，在【链接到】选项组中单击【本文档中的位置】，在【请选择文档中的位置】选择框中选择第 6 张幻灯片，单击【确定】按钮，如图 5-20 所示。

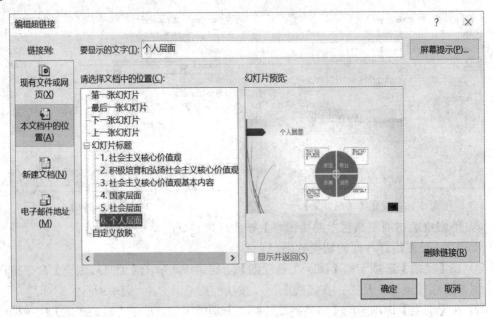

图 5-20 在【编辑超链接】对话框中设置超链接

步骤 4：为演示文稿设置动作按钮。

① 切换到幻灯片"普通视图"，选择第 6 张幻灯片，单击【插入】选项卡下【插图】功能组中的【形状】命令按钮，弹出【形状】下拉列表。

② 在【形状】下拉列表的【动作按钮】组中选择 "后退或前一项"按钮，如图 5-21 所示。

图 5-21 【形状】下拉列表中的动作按钮

③ 此时，鼠标呈"+"字形指针状态。在幻灯片右下角，摁住鼠标左键拖拽，形成按钮，并弹出【操作设置】对话框。

④ 在【操作设置】对话框中，选择【单击鼠标】选项卡，在【单击鼠标时的动作】组选择【超链接到】单选按钮，在其下面的列表框中选择"幻灯片…"，如图 5-22 所示。

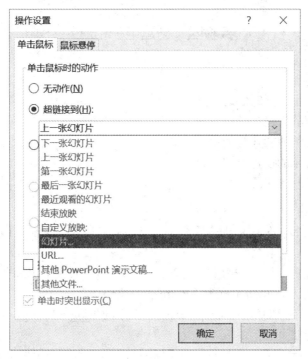

图 5-22　【操作设置】对话框设置

　　⑤ 此时，弹出【超链接到幻灯片】对话框，在【幻灯片标题】选项组中，选择第 3 张幻灯片，如图 5-23 所示。

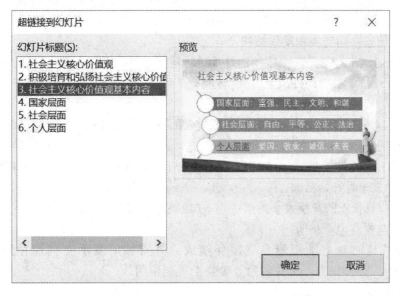

图 5-23　【超链接到幻灯片】对话框

　　⑥ 在【超链接到幻灯片】对话框中设置好后，单击【确定】按钮，返回【操作设置】对话框，再单击【确定】按钮，即可完成动作按钮从第 6 张幻灯片超链接到第 3 张的设置。

　　步骤 5：保存演示文稿。将完成播放效果设置的演示文稿保存到"D:\素材\chap5\exper03"文件夹中，文件名命名为："实验 3_社会主义核心价值观"。

实验四　创建电子相册

1. 实验目的

(1) 掌握相册演示文稿的创建方法。

(2) 掌握超链接的创建与使用方法。

(3) 掌握动作按钮的创建与使用方法。

(4) 掌握背景音乐的设置方法。

(5) 熟悉排练计时的应用。

2. 实验内容

利用"D:\素材\chap05\exper04"文件夹中的内容，制作"美丽厦门"的电子相册。实验具体要求如下：

(1) 创建"美丽厦门"电子相册，每张幻灯片包含 1 张图片，并将每幅图片设置为"柔化边缘矩形"相框形状，相册主题为"Retrospect.thmx"。

说明：图片素材为"D:\素材\chap5\exper04"下的 1.jpg～12.jpg，共 12 张图。

(2) 制作相册导航页。

① 在标题幻灯片后插入一张版式为"标题和内容"的幻灯片。在该幻灯片的标题区输入"美丽厦门"；在内容文本框中输入 3 行文字，分别为"岛内风光""岛外风光""厦门夜景"。

② 将"岛内风光""岛外风光""厦门夜景"转换为 "垂直图片重点列表"的 SmartArt对象，2.jpg、5.jpg 和 10.jpg 分别定义为 SmartArt 对象的显示图片。

(3) 为相册建立超链接和动作按钮。

① 在 SmartArt 对象元素中添加幻灯片跳转链接。单击"岛内风光"标注形状，跳转至第 3 张幻灯片；单击"岛外风光"，跳转至第 7 张幻灯片；单击"厦门夜景"，跳转至第 11 张幻灯片。

② 在第 14 张幻灯片中添加"主页"动作按钮，单击该动作按钮，返回第 1 张幻灯片。

(4) 为相册演示文稿设置背景音乐。

① 将"D:\素材\chap05\exper04"下的"river flows.mp3"声音文件作为相册的背景音乐，在幻灯片放映时开始播放。

② 设置背景音乐的音量大小为"中"；在放映时隐藏声音图标。

(5) 放映与保存电子相册。

使用排练计时让电子相册自动循环播放，并将相册演示文稿保存到"D:\素材\chap5\exper04"文件夹内，文件名为"实验4_美丽厦门"。

3. 实验步骤

步骤 1：创建电子相册。

① 启动 PowerPoint 2016。

② 在【插入】选项卡的【图像】功能组中单击【相册】命令按钮，打开【相册】对话框，如图 5-24 所示。

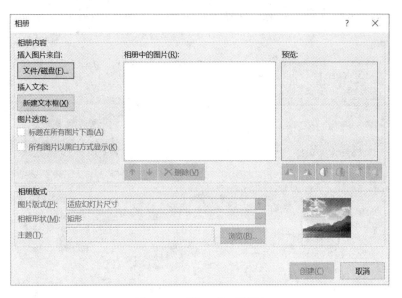

图 5-24　【相册】对话框

③ 在打开的【相册】对话框中单击【文件/磁盘…】按钮，打开【插入新图片】对话框，如图 5-25 所示。选择"D:\素材\chap5\exper04"文件夹中的 12 张图插入到相册中。

图 5-25　【插入新图片】对话框

④ 返回【相册】对话框，对相册的版式进行设置。在【相册版式】选项组中，单击【图片版式】的下拉按钮，在下拉列表中选择"1 张图片"；单击【相框形状】的下拉按钮，在下拉列表中选择"柔化边缘矩形"；单击【浏览…】按钮，弹出【选择主题】对话框，选择 "Retrospect.thmx"作为相册演示文稿的主题。单击【选择】按钮，返回到【相册】

对话框，再单击【创建】按钮，完成相册版式设置，如图 5-26、图 5-27 所示。

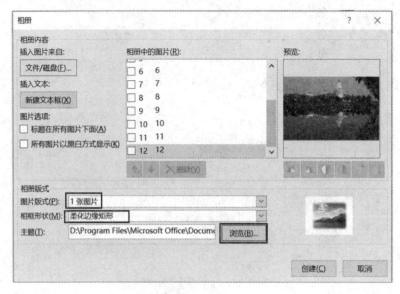

图 5-26　相册版式设置

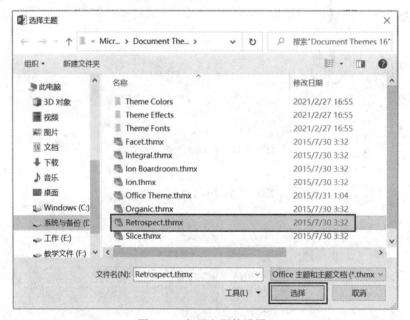

图 5-27　相册主题的设置

步骤 2：制作相册导航页。

① 单击选择第 1 张幻灯片，按【Enter】键，可插入一张版式为"标题和内容"的幻灯片。在该幻灯片的标题区输入"美丽厦门"；在内容文本框中输入 3 行文字，分别为"岛内风光""岛外风光""厦门夜景"。

② 选择内容区的文字，单击鼠标右键，在弹出的快捷菜单中选择【转换为 SmartArt】，在二级菜单列表中选择【其他 SmartArt 图形…】，弹出【选择 SmartArt 图形】对话框，如图 5-28、图 5-29 所示。

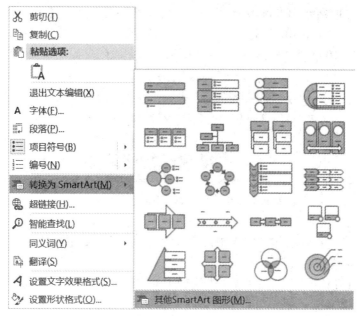

图 5-28　将文本转换为 SmartArt 图形的操作

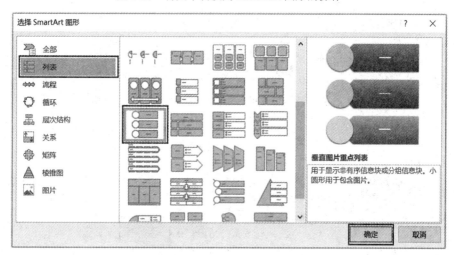

图 5-29　【选择 SmartArt 图形】对话框

③ 在【选择 SmartArt 图形】对话框中，选择列表项为"垂直图片重点列表"，单击【确定】按钮，完成将文本转换为 "垂直图片重点列表"的版式 SmartArt 图形，如图 5-30 所示。

图 5-30　"垂直图片重点列表"版式的 SmartArt 图形

④ 单击图 5-30 所示的 SmartArt 图的第 1 张小图的 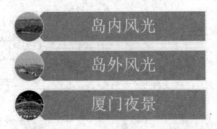，弹出【插入图片】的对话框，选择 "D:\素材\chap5\exper04" 文件夹内的 "2.jpg" 图片，单击【插入】按钮；同理，将图片 "5.jpg" 和 "10.jpg" 插入到 SmartArt 图形中。完成效果如图 5-31 所示。

图 5-31　在 SmartArt 图形中插入图片后效果

步骤 3：为相册建立超链接和动作按钮。

为相册建立超链接和动作按钮的操作可参考实验三，此处不再赘述。

步骤 4：为相册演示文稿设置背景音乐。

① 选择第 1 张幻灯片，在【插入】选项卡的【媒体】功能组中单击【音频】命令按钮，在打开的下拉列表中选择 "PC 上的音频" 选项，打开【插入音频】对话框，如图 5-32 所示。

图 5-32　【插入音频】对话框

② 在【插入音频】对话框中，选择 "D:\素材\chap5\exper04" 下音乐文件 "river flows.mp3"，单击【插入】按钮。此时，第 1 张幻灯片中会出现一个声音图标 。

③ 选中上述的声音图标 ，单击【动画】选项卡的【高级动画】功能组的【动画窗格】命令按钮，在编辑区右侧会出现【动画窗格】任务窗格。

④ 在【动画窗格】中，单击音乐文件右方的下拉按钮，在打开的下拉列表中选择 "效果选项…"，则会打开【播放音频】对话框。

⑤ 在【播放音频】对话框中，选择【效果】选项卡，在【开始播放】选项组中，选择【从头开始】单选按钮；在【停止播放】区中，选择【在…张幻灯片后】，在输入框内输入 "14"，即背景音乐会在整个演示文稿的最后一张幻灯片放映之后停止。如图 5-33 所示。

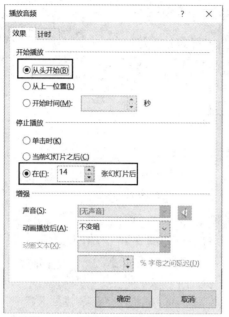

图 5-33　【播放音频】效果设置

在【计时】选项卡下，在【开始】选项右边的下拉列表框中选择"与上一动画同时"，在【触发器】按钮下方选择【部分单击序列动画】单选项，单击【确定】按钮。这样，在播放相册的同时会自动播放音乐，如图 5-34 所示。

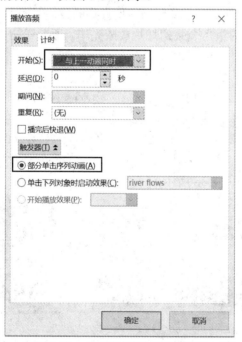

图 5-34　【播放音频】计时设置

⑥ 声音音量与图标设置。选中第 1 张幻灯片中的声音图标 ◀，在【音频工具】|【播放】选项卡的【音频选项】功能组中，单击【音量】命令按钮，在下拉列表中选择【中】；在【音频选项】功能组中，勾选"放映时隐藏"复选框，如图 5-35 所示。

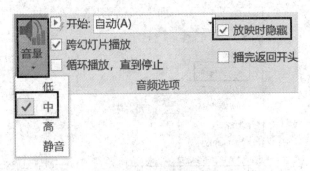

图 5-35　音量大小与声音图标隐藏设置

步骤 5：使用排练计时放映并保存电子相册。

① 切换到【幻灯片放映】选项卡，单击【设置】功能组中的【排练计时】按钮，进入放映排练状态，屏幕左上角显示如图 5-36 所示的录制工具栏。

图 5-36　排练计时【录制】工具栏

② 按需要的放映时间间隔单击鼠标播放幻灯片。

③ 如果当前幻灯片在屏幕上停留的时间能够满足放映要求，单击鼠标左键或工具栏上的"下一项"按钮。

④ 如果对当前幻灯片录制的放映时间不满意，可以单击工具栏上的"重复"按钮，将当前幻灯片放映时间清零，重新录制当前幻灯片的放映时间。

⑤ 当相册演示文稿的最后一张幻灯片放映完毕，系统给出演示文稿总播放时间，并显示"是否保留新的幻灯片计时"的对话框，如图 5-37 所示。

图 5-37　"是否保留新的幻灯片计时"对话框

⑥ 单击【是】按钮，接受录制的排练计时。切换到幻灯片浏览视图可以查看每张幻灯片录制的放映时间，如图 5-38 所示。

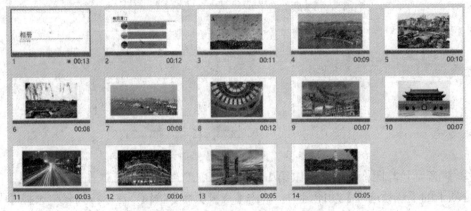

图 5-38　每张幻灯片录制的放映时间

⑦ 循环自动放映使用排练计时的电子相册。

切换到【幻灯片放映】选项卡，在【设置】功能组中单击【设置幻灯片放映】命令按钮，弹出【设置放映方式】对话框。在该对话框中，在【放映选项】选项组中，勾选【循环放映，按 ESC 键终止】复选框；在【换片方式】选项组中，选择【如果存在排练时间，则使用它】单选按钮后，单击【确定】按钮，如图 5-39 所示。

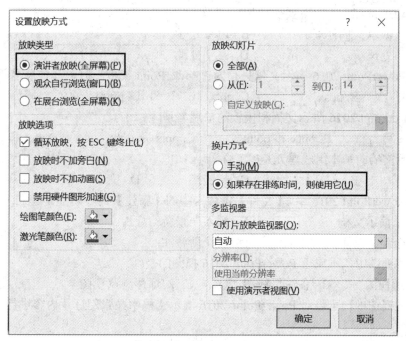

图 5-39　设置循环播放

⑧ 保存电子相册演示文稿。将完成排练计时的电子相册演示文稿保存到"D:\素材\chap5\exper04"文件夹中，文件名命名为："实验 4_美丽厦门电子相册"。

提示：打开使用了排练计时的电子相册演示文稿放映时，会按照排练好的时间自动放映。如果想取消使用了排练计时的演示文稿自动放映，可在【幻灯片放映】选项卡的【设置】功能组中，不勾选"使用计时"复选框并保存，如图 5-40 所示。这样，再次打开该演示文稿放映时，则不会自动放映了。

图 5-40　【不使用计时】设置

总结：在 PowerPoint 2016 中创建电子相册实际上就是一种包含了大量图片的演示文稿，其编辑方法与普通的演示文稿没有本质的区别，同样可以在 PowerPoint 普通视图下添加背景、标题和文本框等对象。

5.4　习　　题

一、选择题

1. PowerPoint 2016 的主要功能是(　　)。

A. 电子演示文稿处理　　　　　　B. 声音处理

C. 图像处理　　　　　　　　　　D. 文字处理

2. 将 PowerPoint 2016 演示文稿另存为"PowerPoint 模板"时，其扩展名是(　　)。

A. pptx　　　　B. ppsx　　　　C. potx　　　　D. pptm

3. PowerPoint 2016 演示文稿和模板的扩展名是(　　)。

A. potx 和 pptx　　B. pptx 和 potm　　　C. pptx 和 potx　　　D. pot 和 ppt

4. 演示文稿的基本组成单元是(　　)。

A. 图形　　　B. 幻灯片　　　C. 超链接　　　D. 文本

5. 在 PowerPoint 2016 中，【文件】选项卡中的【新建】命令功能是建立(　　)。

A. 一个演示文稿　　　　　　B. 插入一张新幻灯片

C. 一个新超链接　　　　　　D. 一个新备注

6. 下述视图中，不属于 PowerPoint 2016 视图的是(　　)。

A. 普通视图　　　B. 备注页视图　　　C. 幻灯片浏览视图　　　D. 备注视图

7. 下述视图中，可以对 PowerPoint 2016 演示文稿中某张幻灯片内容进行详细编辑的是(　　)。

A. 幻灯片阅读视图　　　　　　B. 幻灯片浏览视图

C. 幻灯片大纲视图　　　　　　D. 幻灯片放映视图

8. 在 PowerPoint 2016 的幻灯片浏览视图下，不能完成的操作是(　　)。

A. 编辑幻灯片内容　　B. 隐藏幻灯片　　C. 删除幻灯片　　　D. 移动幻灯片

9. 下述视图中，最适合移动、复制幻灯片的是(　　)视图。

A. 阅读　　　　B. 备注页　　　　C. 幻灯片浏览　　　D. 大纲

10. 在 PowerPoint 2016 中，在(　　)视图下不可以进行插入新幻灯片的操作。

A. 大纲　　　　　B. 幻灯片浏览　　　C. 备注页　　　D. 放映

11. 在 PowerPoint 2016 中，下列有关选定幻灯片的说法中错误的是(　　)。

A. 在幻灯片浏览视图中，单击某张幻灯片，可选定这张幻灯片。

B. 如果要选定多张不连续幻灯片,在幻灯片浏览视图下按 Ctrl 键并单击各张幻灯片。

C. 在幻灯片放映视图下，也可以选定多个幻灯片。

D. 在幻灯片浏览视图下，可以很方便地选定多张连续的幻灯片。

12. 在 PowerPoint 2016 中，在(　　)视图下，用户可以看到界面变成上下两半，上面是幻灯片，下面是文本框，可以记录演讲者讲演时所需的一些提示重点。

A. 备注页　　　　B. 幻灯片浏览　　　C. 备注母版　　　D. 阅读

13. 在 PowerPoint 2016 的普通视图下，若要插入一张新幻灯片，其操作为(　　)。

A. 选择【文件】选项卡下的【新建】命令。

B. 在【文件】选项卡下的【幻灯片】组中，单击【新建幻灯片】命令按钮。

C. 在【插入】选项卡下的【幻灯片】组中，单击【新建幻灯片】命令按钮。

D. 在【设计】选项卡下的【幻灯片】组中，单击【新建幻灯片】命令按钮。

14. 在 PowerPoint 2016 中，下列叙述正确的是( )。

A. 在任何视图方式下都无法对母版进行编辑与修改

B. 在幻灯片中无法插入除图像外的其他元素

C. 幻灯片的大小(尺寸)可更改

D. 演示文稿中所有幻灯片的版式必须相同

15. 通过更换( )，可以将幻灯片由横排变为竖排。

A. 版式　　　　　　　B. 背景　　　　　C. 设计模版　　　D. 幻灯片切换

16. 在 PowerPoint 2016 演示文稿中，将某张幻灯片版式更改为"垂直排列文本"，应在( )选项卡下进行操作

A.【视图】　　　B.【插入】　　　C.【开始】　　　D.【幻灯片放映】

17. 在 PowerPoint 2016 中，在( )选项卡下能够应用主题样式改变幻灯片的背景、标题字体格式。

A.【视图】　　　　B.【切换】　　　　C.【设计】　　　D.【幻灯片放映】

18. 在 PowerPoint 2016 中，设置背景时，若使所选择的背景仅适用于当前所选的幻灯片，应该单击( )。

A.【全部应用】按钮　　　　　　B.【关闭】按钮

C.【取消】按钮　　　　　　　　D.【重置背景】按钮

19. 在 PowerPoint 2016 中，若想设置幻灯片中"图片"对象的动画效果，在选中"图片"对象后，应单击( )。

A.【动画】选项卡下的【添加动画】按钮

B.【幻灯片放映】选项卡下的【添加动画】按钮

C.【设计】选项卡下的【效果】按钮

D.【切换】选项卡下的【换片方式】按钮

20. 在 PowerPoint 2016 的幻灯片切换中，不可以设置幻灯片切换的( )。

A. 换片方式　　　B. 颜色　　　　C. 持续时间　　　D. 声音

21. 在 PowerPoint 2016 中，下列关于幻灯片主题的说法错误的是( )。

A. 选定的主题可以应用于所有的幻灯片

B. 选定的主题只能应用于所有的幻灯片

C. 选定的主题可以应用于选定的幻灯片

D. 选定的主题可以应用于当前幻灯片

22. PowerPoint 2016 提供的幻灯片模板，主要是设定幻灯片的( )。

A. 文字格式　　　　　B. 文字颜色　　　C. 背景图案　　　D. 以上全是

23. 对于幻灯片中文本框内的文字，设置项目符号可以单击( )。

A.【格式】选项卡中的【编辑】命令按钮

B.【开始】选项卡中的【项目符号】命令按钮

C.【格式】选项卡中的【项目符号】命令按钮

D. 【插入】选项卡中的【符号】命令按钮

24. 在 PowerPoint 中，要在当前幻灯片中输入"你好"，操作的第一步是(　　)。

A. 单击【开始】选项卡下的【文本框】命令按钮

B. 单击【插入】选项卡下的【图片】命令按钮

C. 单击【插入】选项卡下的【文本框】命令按钮

D. 以上说法均不对

25. 在 PowerPoint 2016 中，【格式刷】位于(　　)选项卡中。

A. 【设计】　　　　B. 【切换】　　　　C. 【审阅】　　　　D. 【开始】

26. 在 PowerPoint 2016 中，能够将文本中简体字符转换成繁体字符的设置在(　　)选项卡中。

A. 【格式】　　　　B. 【开始】　　　　C. 【审阅】　　　　D. 【插入】

27. 在 PowerPoint 2016 中，动作按钮可以链接到(　　)。

A. 其他幻灯片　　B. 网址　　　　C. 其他文件　　　　D. 以上都行

28. 设置 PowerPoint 对象的超链接功能是指把对象链接到其他(　　)上。

A. 图片　　　　　　B. 文字　　　　C. 幻灯片、文件或程序　　　D. 以上皆可

29. 如果要从第 2 张幻灯片跳转到第 8 张幻灯片，应使用【插入】选项卡中的(　　)。

A. 自定义动画　　　　　　　B. 预设动画

C. 幻灯片切换　　　　　　　D. 超链接或动作

30. 在 PowerPoint 2016 中，向幻灯片内插入一张图片，可以使用的视图方式是(　　)。

A. 普通视图　　　　　　　　B. 幻灯片放映视图

C. 幻灯片浏览视图　　　　　D. 备注页视图

31. 在 PowerPoint 2016 中，下列说法中错误的是(　　)。

A. 将图片插入幻灯片中后，用户可以对这些图片进行必要的操作

B. 在【格式】选项卡的【图片样式】功能组下，可对图片版式、效果、边框进行设置

C. 用户可以对插入的图片进行裁剪

D. 对图片进行修改后不能再恢复原状

32. 在 PowerPoint 2016 中，以下关于在幻灯片中插入多媒体内容的说法中错误的是(　　)。

A. 可以插入图片　　　　　　B. 可以插入音乐

C. 可以插入影片　　　　　　D. 放映时只能自动放映，不能手动放映

33. 在 PowerPoint 2016 中，把一张幻灯片中的某文本行降级是(　　)。

A. 降低了该行的重要性

B. 使该行缩进一个大纲级别

C. 使该行缩进一个幻灯片层

D. 增加了该行的重要性

34. 在 PowerPoint 2016 中，想要在每张幻灯片相同的位置插入某学校的校标，最好的设置方法是在幻灯片的(　　)中进行。

A. 普通视图　　　　B. 浏览视图　　　　C. 母版视图　　　　D. 备注视图

35. 在 PowerPoint 2016 中，SmartArt 图形不包含下面的(　　)。

A. 图表　　　B. 流程图　　　　C. 循环图　　　　D. 层次结构图

36. 在 PowerPoint 2016 中，添加 SmartArt 图形的操作方式是(　　)。

A. 选择【插入】选项卡，在功能区的【插图】功能组中单击【SmartArt】命令按钮

B. 选择【开始】选项卡，单击【图片】按钮

C. 选择【插入】选项卡，在功能区的【图像】功能组中单击【SmartArt】命令按钮

D. 选择【设计】选项卡，在功能区的【插入】功能组中单击【SmartArt】命令按钮

37. 在 PowerPoint 2016 中，若为幻灯片中的对象设置"擦除"，应选择(　　)。

A. 【幻灯片放映】选项卡下【设置】功能组的【自定义放映】

B. 【设计】选项卡下【自定义】功能组的【动画】

C. 【动画】选项卡下【动画】功能组的【擦除】

D. 【幻灯片放映】选项卡下【设置】功能组的【幻灯片放映】

38. 在 PowerPoint 2016 中，下列说法错误的是(　　)。

A. 可以在浏览视图中更改某张幻灯片上动画对象的出现顺序

B. 可以在普通视图中设置动态显示文本和对象

C. 可以在浏览视图中设置幻灯片切换效果

D. 可以在普通视图中设置幻灯片切换效果

39. 在 PowerPoint 2016 中，不能添加动画效果的是(　　)。

A. 背景　　　　B. 图片　　　　C. 直线　　　　D. 文字

40. 在 PowerPoint 2016 中，下述有关幻灯片母版中的页眉和页脚说法错误的是(　　)。

A. 页眉和页脚是加在演示文稿中的注释性内容

B. 页眉和页脚文本格式一旦设置好后，不能改变

C. 在打印演示文稿的幻灯片时，页眉和页脚的内容也可打印出来

D. 典型的页眉和页脚内容是日期、时间以及幻灯片编号

41. 在 PowerPoint 2016 中，用(　　)命令可给幻灯片插入编号。

A. 选择【插入】选项卡，在功能区的【文本】功能组中单击【页眉和页脚】命令按钮

B. 选择【视图】选项卡，单击【页眉和页脚】命令按钮

C. 选择【视图】选项卡，单击【幻灯片编号】命令按钮

D. 选择【开始】选项卡，单击【幻灯片编号】命令按钮

42. 在 PowerPoint 2016 中，插入图表是用于(　　)。

A. 演示和比较数据　　　　　　　　B. 可视化地显示文本

C. 可以说明一个进程　　　　　　　D. 可以显示一个组织结构图

43. 在 PowerPoint 2016 中，幻灯片放映时,使光标变成"激光笔"效果的操作是(　　)。

A. 按 Ctrl + F5 键

B. 按 Shift + F5 键

C. 单击【幻灯片放映】选项卡下的【自定义幻灯片放映】按钮

D. 按 Ctrl 键的同时，单击鼠标的左键

44. 在 PowerPoint 2016 中，若要使幻灯片按规定的时间实现连续自动播放，应进行(　　)操作。

A. 设置放映方式　　　　　　　　　B. 打包

C. 排练计时　　　　　　　　　　　　D. 幻灯片切换

45. 在 PowerPoint 2016 中，若要使幻灯片在播放时能每隔 3 秒自动转到下一页，应在【切换】选项卡下(　　)组中进行设置。

A. 【预览】　　　　　　　　　　　B. 【切换到此幻灯片】

C. 【计时】　　　　　　　　　　　D. 以上说法均不对

46. 在 PowerPoint 2016 中，如果要终止幻灯片的放映，可直接按(　　)键。

A. Ctrl + Z　　　　　B. Esc　　　　　C. Del　　　　D. Alt+F4

47. 下述有关 PowerPoint 2016 演示文稿描述中，错误的是(　　)。

A. 幻灯片中的超链接只有在放映演示文稿时才有作用

B. 幻灯片可设置循环放映

C. 幻灯片必须从第 1 张开始放映

D. 幻灯片可设置自定义放映

48. 在 PowerPoint 2016 演示文稿中，下列描述正确的是(　　)。

A. 在幻灯片浏览视图中，拖动幻灯片不能够改变幻灯片的顺序

B. 一篇演示文稿必须设置相同的配色方案

C. 幻灯片放映时，选择全部幻灯片放映，隐藏的幻灯片也会被放映

D. 应用了母版格式后，幻灯片的格式仍可修改

49. 执行下面哪一项操作不能结束幻灯片放映，回到 PowerPoint 2016 编辑界面(　　)。

A. 按 Esc 键　　　　　　　　　B. 空白处单击右键选择"结束放映"

C. 按 Ctrl 键　　　　　　　　　D. 单击屏幕左下角的按钮选择"结束放映"

50. 下列关于 PowerPoint 2016 的描述中，正确的是(　　)。

A. 在一个演示文稿中不能同时使用不同的设计模板

B. 在放映幻灯片时，使用上下方向键可以转入上一张或下一张幻灯片

C. 不能在幻灯片母版中插入图片

D. 在放映幻灯片时，绘图笔写在演示幻灯片上的文字、图案等也会存在幻灯片上，随文件一起保存

51. 下列关于 PowerPoint 2016 的描述中，错误的是(　　)。

A. 设置放映方式时，选择全部幻灯片放映，隐藏的幻灯片也会被放映出来

B. 图表对象也可以设置动画效果

C. 在放映幻灯片时，可以不按幻灯片的原始顺序播放

D. 启动动画可以选择在单击鼠标以后，也可以在上一事件以后定时开始

52. 在 PowerPoint 2016 演示文稿中，下列叙述正确的是(　　)。

A. 在幻灯片浏览视图中，不能插入来自外部的图片文件

B. 超链接只能链接本演示文稿的某张幻灯片

C. 演示文稿中所有幻灯片只能设置相同的配色方案

D. 放映幻灯片时，只能从第 1 张幻灯片开始放映

53. 若将 PowerPoint 文档保存为只能播放不能编辑的演示文稿,操作方法是在(　　)。

A. 【保存】对话框中选择保存类型为 "PDF" 格式

B. 【保存】对话框中选择保存类型为 "网页"

C.【保存】对话框中选择保存类型为"模板"

D.【保存】(或【另存为】)对话框中选择保存类型为"PowerPoint 放映"

54. 如果将演示文稿放在另外一台没有安装 PowerPoint 软件的电脑上播放，需要进行( )。

A. 复制/粘贴操作　　　　B. 重新安装软件和文件操作

C. 打包操作　　　　　　D. 新建幻灯片文件操作

二、操作题

(1) 按下列要求制作如图 5-41 所示的"大学生创业必备素质"的演示文稿，将制作完的演示文稿保存至"D:\素材\chap5\practice01"文件夹中，文件名保存为"大学生创业必备素质"。

图 5-41　"大学生创业必备素质"演示文稿效果图

要求：

① 建立一张含有 3 张幻灯片的演示文稿，其中，第 2、3 张幻灯片的版式均设为"两栏内容"。

② 将演示文稿的主题设为"积分"。

③ 第 1 张幻灯片的标题区输入"大学生创业必备素质"，字体颜色设置为蓝色(RGB颜色模式：0，0，255)；删除副标题文本框。

④ 第 2 张幻灯片的标题区输入"大学生创业必备素质"后，将其转换为艺术字；艺术字样式为"填充-蓝色，着色 2，轮廓-着色 2"，文本效果设置为"倒 V 形"；左侧栏输入"知识素质、心理素质、身体素质、能力素质"；右侧栏插入"D:\素材\chap5\practice01"文件夹内的图片"quality.jpg"。

⑤ 第 3 张幻灯片标题区输入"创业者成功的主要特质"，在左侧栏和右侧栏分别输入"强烈的欲望、忍耐力、开阔的眼界、善于明事通理、商业敏感性"和"拓展人脉、谋略、胆量、与他人分享的愿望、自我反省的能力"；插入"D:\素材\chap5\practice01"文件夹内的图片"success.jpg"，图片宽度为 5.45 厘米，高度为 8.18 厘米，"锁定纵横比"，图片在幻灯片的水平位置为 8.46 厘米，从"左上角"，垂直位置为 6.35 厘米。

⑥ 为图片"success.jpg"添加动画。进入效果为劈裂；效果选项为左右向中央收缩；单击鼠标时开始。

⑦ 将幻灯片放映方式设置为"演讲者放映(全屏幕)"。

(2) 按下列要求制作如图 5-42 所示的"新冠疫情健康教育"的演示文稿，将制作完的演示文稿保存至"D:\素材\chap5\practice02"文件夹中，文件名保存为"新冠疫情健康教育"。

图 5-42　"新冠疫情健康教育"演示文稿效果图

要求:

① 建立一张含 3 张幻灯片的演示文稿。其中,第 2 张幻灯片的版式为"标题和内容",第 3 张幻灯片的版式为"两栏内容"。

② 在第 1 张幻灯片的标题区输入"新冠疫情健康教育",副标题区输入"宣传手册";将"新冠疫情健康教育"的字体设置为微软雅黑,字号为 66,字体颜色为蓝色(RGB 颜色模式:0,0,255);设置"宣传手册"字体为隶书,字号为 44。

③ 第 2 张幻灯片的标题区输入"宣传内容",内容区以列表的形式输入"加强卫生防范;不去人群密集场所;避免密切接触;注意安全饮食"文本后,将该文本转换为 SmartArt 图形,类型为凌锥型列表。

④ 为第 2 张幻灯片的 SmartArt 图形设置动画。进入效果为飞入;效果选项为自右上部;在幻灯片放映时,该 SmartArt 对象元素可逐个显示。

⑤ 第 3 张幻灯片的内容区输入"新冠疫情健康教育",左侧栏输入"预防千万条,口罩第一条,回家勤洗手,不要凑热闹",段落间距设置为 2 倍行距,右侧栏插入"D:\素材\chap5\practice02"文件夹内的图片"mask.png"。

⑥ 将该演示文稿的主题设置为丝状,并重新设置主题颜色为蓝色。

⑦ 将全部幻灯片的切换效果设置为揭开,效果选项为自左侧。

(3) 按下列要求制作如图 5-43 所示的"生物智能科技有限公司"的演示文稿,将制作完成的演示文稿保存至"D:\素材\chap5\practice03"文件夹中,文件名保存为"生物智能科技有限公司"。

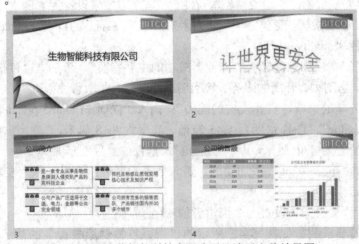

图 5-43　"生物智能科技有限公司"演示文稿效果图

要求:

① 新建演示文稿,文件名保存为"生物智能科技有限公司"。

② 在第 1 张幻灯片的标题区输入标题"生物智能科技有限公司"，设置字体为微软雅黑，字号为 54，删除副标题文本框。

③ 插入一张"空白"版式的幻灯片，在该幻灯片中插入艺术字"让世界更安全"；艺术字样式为"渐变填充-蓝色，着色 1，反射"，设置文本效果为正三角；艺术字大小为高度 5 厘米，宽度 21 厘米；从"左上角"，水平位置为 6.17 厘米，垂直位置为 5.73 厘米；

④ 插入一张版式为"标题和内容"的幻灯片。标题区输入"公司简介"，内容区按行输入 4 行公司的简介信息；将 4 行文字转换为 "图片条纹"样式的 SmartArt 对象，并将"D:\素材\chap5\practice03"文件夹内的图片 icon.png 定义为该 SmartArt 对象的显示图片。

⑤ 插入一张版式为"两栏内容"的幻灯片。标题区输入"公司销售额"；左栏插入 3 列 6 行的表格，设置样式为"中度样式 2，强调 5"后，在表格内输入公司的销售信息，具体如表 5-1 所示；在右栏插入"三维簇状柱形图"图表后，在弹出的 Excel 工作表中输入表 5-1 中的数据，关闭 Excel 工作表。设置图表格式：图表标题为"公司近五年销售统计分析"，显示在上方；图表显示该公司销售额的指数趋势线。

表 5-1　公司销售额情况表

年份	员工人数	销售额/百万元
2016	45	85
2017	120	125
2018	230	220
2019	315	365
2020	300	420

⑥ 将"D:\素材\chap5\practice03"下的图片"bg1.png"设为第 1 张幻灯片的背景，"bg2.png"其他幻灯片的背景。

⑦ 设计幻灯片的 logo 图 BITCO 让其显示在每张幻灯片的右上角。

说明：logo 图 BITCO 为艺术字"BITCO"，艺术字大小为 54，艺术字样式为"填充-白色，轮廓-着色 1，阴影"；形状填充为"蓝色，个性色 1，淡色 40%"；形状效果为"柔化边缘/5 磅"。

(4) 按下列要求制作如图 5-44 所示的"儿童画欣赏"的电子相册。将制作完成的相册演示文稿保存至"D:\素材\chap5\practice04"文件夹中，文件名保存为"儿童画欣赏"。

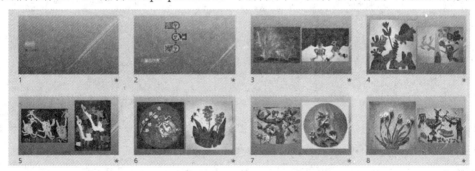

图 5-44　"儿童画欣赏"电子相册效果图

具体要求如下：

① 相册包含 1.jpg~12.jpg 的 12 幅儿童画。每张幻灯片中包含 2 张图片，每幅图片设置为"居中矩形阴影"相框形状。

② 设置相册主题为"切片"，变体为"变体 4"。

③ 为相册设置整体切换效果，切换方式为淡出；效果为平滑。

④ 在第 1 张幻灯片后插入一张版式为"标题和内容"的幻灯片。在该幻灯片的标题位置输入"儿童画作品欣赏"；内容文本框内输入 3 行文字，分别为"撕纸画""水粉画""黏土画"。

⑤ 将"撕纸画""水粉画""黏土画"3 行文字转换成样式为 "交替图片圆形"的 SmartArt 对象，并将"D:\素材\chap5\practice03"下的 1.jpg、6.jpg 和 9.jpg 定义为该 SmartArt 对象的显示图片。

⑥ 为 SmartArt 对象添加动画效果，进入效果为弹跳；效果选项为逐个。

⑦ 在 SmartArt 对象元素中添加幻灯片跳转链接，使得单击"撕纸画"可跳转至第 3 张幻灯片，单击"水粉画"可跳转至第 5 张幻灯片，单击"黏土画"可跳转至第 7 张幻灯片。

⑧ 将"D:\素材\chap5\practice04"中的声音文件"Candy wind. mp3"作为该相册的背景音乐，在幻灯片放映时开始播放。

第6章　计算机网络基础

6.1　学习要求

(1) 了解计算机网络的基本概念，如：计算机网络的定义、功能、分类等。

(2) 了解模拟通信和数字通信以及调制解调器的功能。

(3) 了解 TCP/IP 协议工作原理。

(4) 了解网络拓扑结构。

(5) 了解网络硬件，如：传输介质、网络设备等。

(6) 掌握 Internet 基础知识，如：IP 地址、域名、DNS 等。

(7) 掌握计算机病毒的概念、特征、分类及防治。

(8) 掌握 IE 浏览器的应用，如：访问网页、收藏网页、保存网页信息等。

(9) 掌握 Outlook 2016 软件的应用，如：收发邮件、添加账户等。

6.2　典型例题精讲

例 6-1　计算机网络最主要的功能是(　　)。

A. 数据处理　　　B. 文献检索　　　C. 数据通信和资源共享　　　D. 信息传输

【解析】计算机网络的主要功能有四种：资源共享、数据通信、提高可靠性和协同处理。其中数据通信和资源共享是其最主要的两个功能。

【答案】C

例 6-2　在计算机网络中，表示数据传输可靠性的指标是(　　)。

A. 传输率　　　B. 误码率　　　C. 容量　　　D. 频带利用率

【解析】误码率：指数据传输中出错数据占被传输数据总数的比例，是通信信道的主要性能参数之一。

【答案】B

例 6-3　广域网和局域网是按照(　　)来分的。

A. 网络使用者　　　　　　　　B. 信息交换方式

C. 网络作用范围　　　　　　　D. 传输控制协议

【解析】计算机网络按其地理分布范围可分为三类：局域网(LAN)、广域网(WAN)、城域网(MAN)。

【答案】C

例 6-4　将发送端数字脉冲信号转换成模拟信号的过程称为(　　)。

A. 链路传输　　　B. 调制　　　　　C. 解调器　　　　　D. 数字信道传输

【解析】调制解调器可以将数字信号转换成模拟信号，并在信道中传输，这个转换过程称为调制。在接收端调制解调器将模拟信号变换成数字信号，这个过程称为解调。

【答案】B

例 6-5　在 Internet 网中不同网络和不同计算机相互通信的基础是(　　)。

A. ATM　　　　　B. TCP/IP　　　　C. Novell　　　　　D. X.25

【解析】因特网是通过路由器或网关将不同类型的物理网互连在一起的虚拟网络。它采用 TCP/IP 协议控制各网络之间的数据传输，采用分组交换技术传输数据。

TCP/IP 是用于计算机通信的一组协议。TCP/IP 由网络接口层、网际层、传输层、应用层等四个层次组成。

【答案】B

例 6-6　下列不是计算机网络系统的拓扑结构的是(　　)。

A. 星型结构　　　B. 单线结构　　　C. 总线型结构　　　D. 环型结构

【解析】计算机网络的拓扑结构有很多种，常见的主要有五种：星型、树型、总线型、环型和网状型。

【答案】B

例 6-7　下列传输介质中，抗干扰能力最强的是(　　)。

A. 双绞线　　　　B. 光缆　　　　　C. 同轴电缆　　　　D. 电话线

【解析】任何一个数据通信系统都包括发送部分、接收部分和通信线路，其传输质量不但与传输的数据信号和收发特性有关，而且与传输介质有关。同时，通信线路沿途不可避免地有噪声干扰，它们也会影响通信和通信质量。双绞线是把两根绝缘铜线拧成有规则的螺旋线，它抗干扰性较差，易受各种电信号的干扰。同轴电缆是由一根空心的外圆柱形的导体围绕单根内导体构成的。在抗干扰性方面对于较高的频率，同轴电缆优于双绞线。光缆是发展最为迅速的传输介质，不受外界电磁波的干扰，因而电磁绝缘性好，无串音干扰，不易被窃听或截取数据，所以安全保密性好。

【答案】B

例 6-8　将计算机与局域网互连，需要(　　)。

A. 网桥　　　　　B. 网关　　　　　C. 网卡　　　　　D. 路由器

【解析】网络接口卡(简称网卡)是构成网络必需的基本设备，它用于将计算机和通信电缆连接起来，以便经电缆在计算机之间进行高速数据传输。因此，每台连接到局域网的计算机(工作站或服务器)都需要安装一块网卡，通常网卡都插在计算机的扩展槽内。

【答案】C

例 6-9　Internet 是一个覆盖全球的大型互联网网络，用于连接多个远程网和局域网的主要设备是(　　)。

A. 路由器　　　　B. 主机　　　　　C. 网桥　　　　　D. 防火墙

【解析】处于不同地理位置的局域网通过广域网进行互连是当前网络互连的一种常见方式。路由器是实现局域网与广域网互连的主要设备。路由器检测数据的目的地址，对路径进行动态规划，根据不同的地址将数据分流到不同的路径中。如果存在多条路径，则根据路径的工作状态和忙闲情况，选择一条合适的路径，动态平衡通信负载。

【答案】A

例 6-10　在 Internet 中，主机的域名和主机的 IP 地址两者之间的关系是(　　)。

A. 完全相同，毫无区别　　　　　　　　B. 一一对应

C. 一个 IP 地址对应多个域名　　　　　D. 一个域名对应多个 IP 地址

【解析】Internet 上的每台计算机都必须指定一个唯一的地址，称为 IP 地址。它像电话号码一样用数字编码表示，占 4 个字节，通常显示的地址格式是用圆点分隔的 4 个十进制数字。为了方便用户使用，将每个 IP 地址映射为一个名字(字符串)，称为域名。域名的命名规则为商标名(企业名).单位性质代码.国家代码。

【答案】B

例 6-11　下列各项中，(　　)不能作为 Internet 的 IP 地址。

A. 202.96.12.14　　　　　　　　　　　B. 202.196.72.140

C. 112.256.23.8　　　　　　　　　　　D. 201.124.38.79

【解析】IP 地址由 32 位二进制数组成(占 4 个字节)，也可用十进制数表示，每个字节之间用“.”分隔开，每个字节内的数值范围为 0～255。

【答案】C

例 6-12　IP 地址 192.168.54.23 属于(　　)IP 地址。

A. A 类　　　　　　B. B 类　　　　　　C. C 类　　　　　　　　D. D 类

【解析】IP 地址由各级因特网管理组织进行分配，被分为不同的类别。它根据地址的第一段分为 5 类：0～127 为 A 类；128～191 为 B 类；192～223 为 C 类；D 类和 E 类留作特殊用途。其中 A 类的默认子网掩码为 255.0.0.0；B 类的默认子网掩码为 255.255.0.0；C 类的默认子网掩码为 255.255.255.0。

【答案】C

例 6-13　如果一个 www 站点的域名地址是 www.bju.edu.cn，则它是(　　)站点。

A. 教育部门　　　　B. 政府部门　　　　C. 商业组织　　　　D. 以上都不是

【解析】常用域名标准代码：com 表示商业机构；edu 表示教育机构；gov 表示政府机构；mil 表示军事机构；net 表示网络支持中心；org 表示国际组织。

【答案】A

例 6-14　因特网上的服务都是基于某一种协议的，Web 服务基于(　　)。

A. SMTP 协议　　　B. SNMP 协议　　　C. HTTP 协议　　　D. TELNET 协议

【解析】协议名最常用的有：

HTTP：超文本传输协议，用于访问 Web 服务器的网页；

FTP：文件传输协议，用于主机间传输文件；

SMTP：简单邮件传输协议，用于用户代理向邮件服务器发送邮件或在邮件服务器之间发送邮件。

POP3：邮局协议版本 3，用于用户代理从邮箱服务器读取邮件。

【答案】C

例 6-15　以下 URL 地址写法正确的是(　　)。

A. http:/www.sinacom/index.html

B. http://www.sina.com/index.html

C. http//www sina com/index.html

D. http//www.sina.com/index.html

【解析】URL(统一资源定位符)是一种标准化的命名方法，通过各种不同的协议，对 Internet 上任何地方的信息都用 URL 定位或访问。

它的格式为：协议名://IP 地址或域名/路径/文件名。

【答案】B

例 6-16 有关电子邮件，下列说法正确的是(　　)。

A. 发送电子邮件都需要交纳一定的费用

B. 发件人必须有自己的 E-mail 账号

C. 收件人必须有自己的邮政编码

D. 电子邮件的地址格式是：〈用户标记〉.〈主机域名〉

【解析】电子邮件是 Internet 最广泛使用的一种服务，用户可以将存放在计算机上的电子信函通过 Internet 的电子邮件服务传递到其他的 Internet 用户的信箱中。反之，用户也可以收到从其他用户发来的电子邮件。发件人和收件人均必须有 E-mail 账号。

【答案】B

例 6-17 假设 ISP 提供的邮件服务器为 bj163.com,用户名为 XUEJY 的正确电子邮件地址是(　　)。

A. XUEJY-bj163.com　　　　　　B. XUEJY&bj163.com

C. XUEJY#bj163.com　　　　　　D. XUEJY@bj163.com

【解析】电子邮件地址一般由用户名、主机名和域名组成，如 Xiyinliu@publicl.tpt.tj.cn，其中，@前面是用户名，@后面依次是主机名、机构名、机构性质代码和国家代码。

【答案】D

例 6-18 以下有关计算机病毒的描述中，不正确的是(　　)。

A. 是特殊的计算机部件　　　　　B. 传播速度快

C. 是人为编制的特殊程序　　　　D. 危害大

【解析】计算机病毒是指编制或者在计算机程序中插入的破坏计算机功能或者破坏数据，影响计算机使用并且能够自我复制的一组计算机指令或者程序代码。

【答案】A

例 6-19 下列四项中，不属于计算机病毒特征的是(　　)。

A. 潜伏性　　　　B. 传染性　　　　C. 激发性　　　　D. 免疫性

【解析】计算机病毒不是真正的病毒，而是一种人为制造的计算机程序，不存在什么免疫性。计算机病毒的主要特征是寄生性、破坏性、传染性、潜伏性和隐蔽性。

【答案】D

例 6-20 当前计算机感染病毒的可能途径之一是(　　)。

A. 从键盘上输入数据　　　　　　B. 通过电源线

C. 所使用的软盘表面不清洁　　　D. 通过 E-mail

【解析】计算机病毒并非可传染给人体的病毒，而是一种人为编制的可以制造故障的计算机程序。它隐藏在计算机系统的数据资源或程序中，借助系统运行和共享资源而进行繁殖、传播和生存，扰乱计算机系统的正常运行，篡改或破坏系统和用户的数据资源及程序。预防计算机病毒的主要措施有：经常进行数据备份；对新购置的计算机、硬盘和软件，先用查毒软件检测后方可使用；尽量避免在无防毒软件的机器上使用可移动磁盘，以免感染病毒；对计算机的使用权限进行严格的控制，禁止来历不明的人和软件进入你的系统；采用一套公认最好的驻留式防病毒软件，以便对文件和磁盘操作进行实时监控，及时防止病毒的入侵。

【答案】D

例 6-21　关于防火墙的功能，以下哪一种描述是错误的(　　)。

A. 防火墙可以阻止某些特定 IP 地址的主机对内部网络的访问

B. 防火墙可以检查进出内部网的通信量

C. 防火墙可以使用过滤技术在网络层对数据包进行选择

D. 防火墙可以阻止来自内部的威胁和攻击

【解析】防火墙是用于对内网和外网进行一定的隔离，对内部网络进行保护的一种软、硬件设施，它通过一定的安全过滤策略，防止不希望、未授权的通信进出被保护的网络，可以阻止来自外部的威胁和攻击。

【答案】D

6.3　实　验　操　作

实验一　网络配置

1. 实验目的

(1) 学会查看和设置 TCP/IP 协议信息。

(2) 掌握使用命令查看网络连接的方法。

(3) 掌握接入 Internet 的方法。

2. 实验内容

(1) 查看计算机的 TCP/IP 协议信息。

(2) 设置 TCP/IP 协议信息。

(3) 使用命令查看网络连接情况

(4) 使用命令查看计算机的 MAC 地址。

(5) 接入无线网络。

3. 实验步骤

步骤 1：查看计算机的 TCP/IP 协议信息。

① 单击【开始】|【控制面板】，打开【网络和 Internet】窗口，在该窗口中单击【网络和共享中心】，如图 6-1 所示。

图 6-1　【网络和 Internet】窗口

② 在【网络和共享中心】窗口，单击【本地连接】，如图 6-2 所示，打开【本地连接 状态】对话框，如图 6-3 所示。

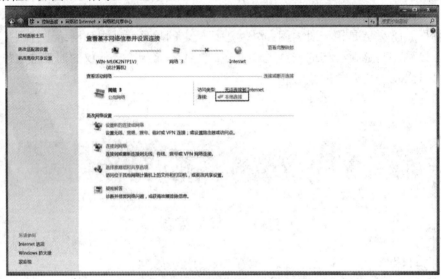

图 6-2　【网络和共享中心】窗口

图 6-3　【本地连接 状态】对话框

③ 单击【详细信息】按钮,打开【网络连接详细信息】对话框,如图 6-4 所示,即可查看到计算机的 TCP/IP 协议信息。

图 6-4　【网络连接详细信息】对话框

步骤 2:设置 TCP/IP 协议信息。

在步骤 1 中的【本地连接 状态】对话框中,单击【属性】按钮,打开【本地连接属性】对话框,如图 6-5 所示。双击【Internet 协议版本 4(TCP/IPv4)】,打开【Internet 协议版本 4(TCP/IPv4)属性】对话框,即可以根据自己的 TCP/IP 协议信息进行设置,如图 6-6 所示。设置 IP 地址和 DNS 服务器地址后,用户就可以启动网络应用程序访问网络了。

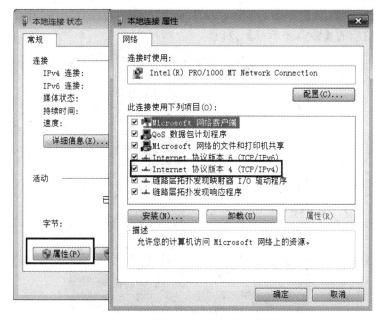

图 6-5　【本地连接 属性】对话框

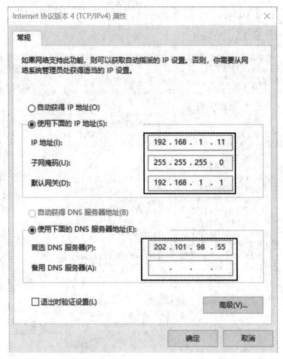

图 6-6 【Internet 协议版本 4(TCP/IPv4)属性】对话框

步骤 3：使用命令查看网络连接情况。

Windows 7 中可以使用 "ping" 命令查看计算机的网络连接情况。"ping" 命令用于确定本地主机是否能与另一台主机成功交换(发送与接收)数据包，再根据返回的信息，就可以推断 TCP/IP 参数的设置是否正确，以及运行是否正常、网络是否通畅等。如果网络连接不畅，则会给出 "Request timed out" 的提示。具体操作如下：

① 单击【开始】，弹出如图 6-7 所示的界面，在 "搜索程序和文件" 框中输入 "cmd"，打开如图 6-8 所示的【命令提示符】窗口。

图 6-7 【开始】界面

图 6-8　【命令提示符】窗口

② 在命令提示符窗口输入命令 ping IP 地址或域名，假设当前 IP 地址为 192.168.1.4，如图 6-9 所示。

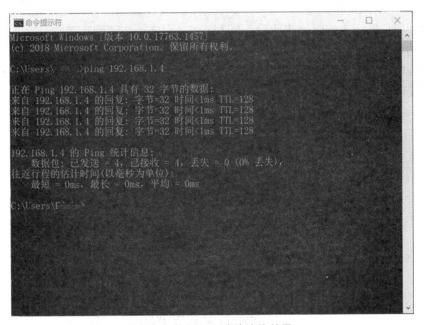

图 6-9　执行 ping 命令查询结果

步骤 4：使用命令查看计算机的 MAC 地址。

MAC 地址(Media Access Control Address)，称为局域网地址，也叫物理地址、硬件地址，由网络设备制造商生产时烧录在网卡的 EPROM 中。它是一个用来确认网络设备位置的位址。我们在步骤 1 中的【本地连接 状态】|【网络连接详细信息】窗口中能看到 MAC 地址，即物理地址的信息。另外，windows 7 还提供了命令的方式查看 MAC 地址。

在步骤 3 的【命令提示符】窗口输入命令"ipconfig/all"就可以查看计算机网卡的 MAC 地址，如图 6-10 所示。

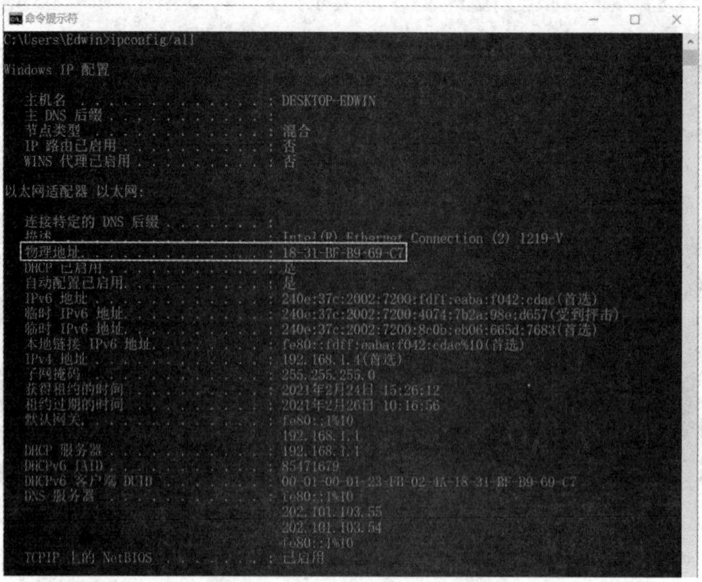

图 6-10　执行"ipconfig/all"命令查询结果

步骤 5：接入无线网络。

随着手机、笔记本电脑等移动设备越来越多，无线网络的需求量日益增长。需要接入无线网络的用户，在计算机上需要安装无线网卡。接入无线网络相对简单，在屏幕右下角有一个无线网络连接的标识。单击该标识符，打开"网络连接"窗口，选择需要连接的网络，单击【连接】按钮，输入密码，单击【确定】按钮，即可连接到无线网络，如图 6-11所示。

图 6-11　接入无线网络

实验二　Internet Explorer 浏览器的应用

1. 实验目的

(1) 掌握 Internet Explorer(IE)的基本操作方法。

(2) 掌握网页中信息保存的方法。

(3) 掌握使用浏览器搜索网络信息的方法。

(4) 了解浏览器收藏夹的使用方法。

2. 实验内容

(1) 熟悉 IE 界面。

(2) 设置 Internet 选项。

(3) 浏览网页信息并保存网页信息。

(4) 使用浏览器搜索网页信息。

(5) 将网页添加到收藏夹。

(6) 打开收藏夹中的网页。

3. 实验步骤

步骤 1：熟悉 IE 界面。

① 启动浏览器。启动浏览器的方法有两种，直接双击桌面的 IE 图标 ，或者在【开始】|【所有程序】中找到【IE 浏览器】，然后单击它。另外，其他浏览器的启动方式与 IE 相同。

② 熟悉 IE 界面。不同计算机中的 IE 版本不同，界面会有所不同。本实验使用的 IE 版本是 IE11，其界面如图 6-12 所示。

图 6-12　IE 浏览器主界面 1

③ 查看浏览器版本信息。在 IE 界面，单击浏览器右上方"工具"图标，在弹出的下拉菜单中选择【关于 Internet Explorer】，如图 6-13 所示，打开【关于 Internet Explorer】对话框，如图 6-14 所示。在该对话框可以看到计算机 IE 的版本信息。

图 6-13　IE 浏览器主界面 2

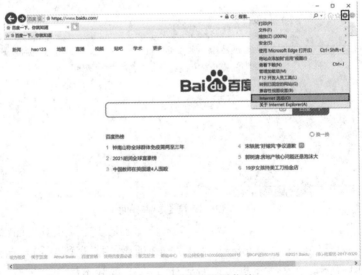

图 6-14　【关于 Internet Explorer】对话框

步骤 2：设置 Internet 选项。

① 打开 Internet 选项设置窗口。单击浏览器右上方"工具"图标，在弹出的下拉菜单中选择【Internet 选项】，如图 6-15 所示，打开【Internet 选项】对话框，如图 6-16 所示。

图 6-15　IE 浏览器设置菜单

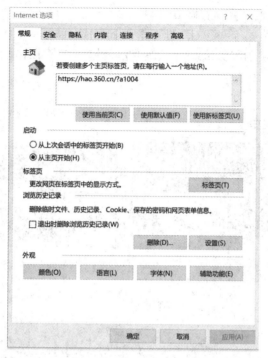

图 6-16 【Internet 选项】对话框

② 设置 IE 的默认主页。默认主页是每次打开 IE 浏览器时最先打开的网页。在【Internet 选项】对话框中，选择【常规】选项卡，在该页面的【主页】输入区中输入某网页的地址，单击【应用】或【确定】按钮。也可以单击【使用当前页】、【使用默认值】或【使用新标签页】按钮来设置默认主页，如图 6-17 所示。

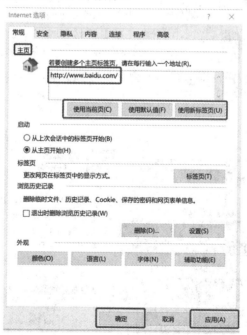

图 6-17 【常规】选项卡

步骤 3：浏览网页信息并保存网页信息。

① 输入网址浏览某个网页。在浏览器的地址栏输入框中输入某个网址，如："www.dili360.com"(中国国家地理)，按下 Enter 键，打开中国国家地理的首页面，如图 6-18 所示。

图 6-18　中国国家地理首页面

② 保存当前页面。单击浏览器右上角"工具"按钮，在下拉菜单中选择【文件】|【另存为】，如图 6-19 所示。打开【保存网页】对话框，如图 6-20 所示。在该对话框中设置保存位置，单击【保存】按钮，即可将当前网页保存到计算机指定位置的文件夹中。

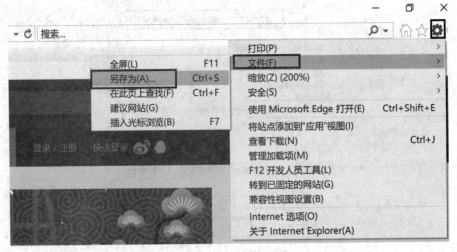

图 6-19　保存当前网页

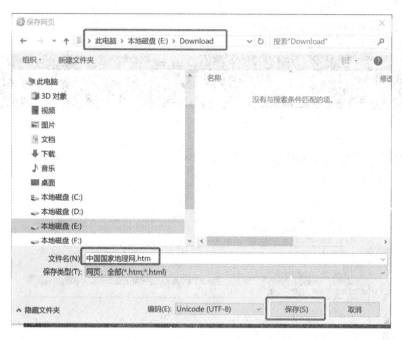

图 6-20　【保存网页】对话框

③ 保存网页中的文字信息。打开中国国家地理网中【风土人情】|【那扇古老的窗】页面，如图 6-21 所示。首先，新建一个记事本文件；然后，使用鼠标选中【那扇古老的窗】页面中的第一段内容，按下 Ctrl + C 组合键进行复制；最后，在新建的记事本文件中，按下 Ctrl + V 组合键进行粘贴，单击【文件】|【保存】按钮，即可完成保存网页中文字信息到记事本的操作，如图 6-22 所示。

图 6-21　【那扇古老的窗】网页

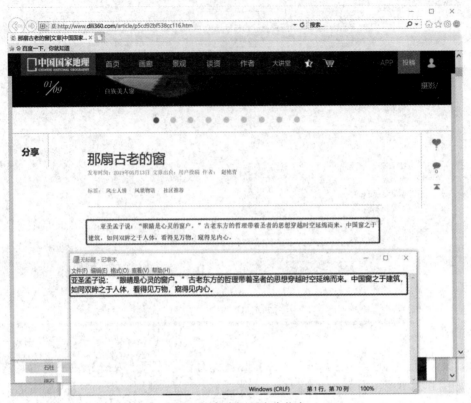

图 6-22　保存网页文本信息

④ 保存网页中的图片信息。仍以步骤③中【那扇古老的窗】网页为例，右击"古临安朱家的五福窗"图片，在打开的快捷菜单中选择【图片另存为…】命令，打开【保存图片】对话框，如图 6-23 所示，选择要保存图片的文件夹，输入图片名称，单击【保存】按钮，即可把网页的图片保存到计算机指定的文件中。

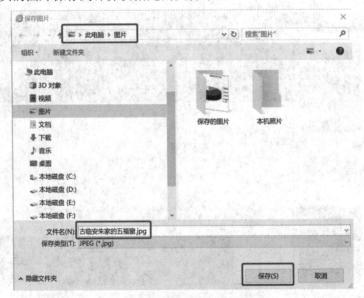

图 6-23　【保存图片】对话框

步骤 4：使用浏览器搜索网页信息。

① 打开搜索引擎的主页。启动 IE，输入搜索引擎的网址，如使用百度搜索，则输入"www.baidu.com"。

② 输入要搜索的关键词，如"新冠疫情"，单击【百度一下】，百度会将包含该关键词的网页显示出来，关键词会用红色突显，如图 6-24 所示。

图 6-24 "新冠疫情"搜索结果

③ 在搜索结果列表中单击需要查看的某个网页链接，即可打开该网页，查看网页完整内容。如果当前列表中没有想要查看的内容，可以在底部导航栏中单击某个数字或者【下一页】。如果想要进一步缩小搜索的范围，可以输入多个关键词，多个关键词之间使用空格间隔。

步骤 5：将网页添加到收藏夹。

以"www.dili360.com"(中国国家地理)为例，将首页添加到收藏夹。

单击浏览器右上角的"查看收藏夹、源和历史记录"按钮☆，然后选择【添加到收藏夹】，如图 6-25 所示。打开【添加收藏】对话框，如图 6-26 所示，如果直接将网页添加到默认目录中，则直接单击【添加】按钮；也可以单击【新建文件夹】按钮，打开【创建文件夹】对话框，新建一个新的文件夹，将网页添加到该文件夹。

图 6-25　【查看收藏夹、源和历史记录】窗口

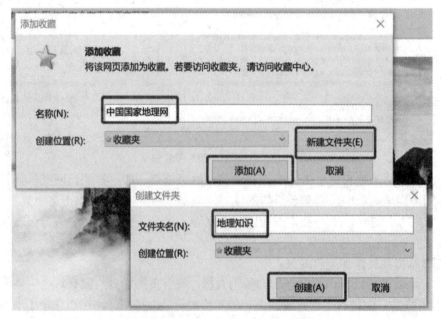

图 6-26　【添加收藏】和【创建文件夹】对话框

步骤 6：打开收藏夹中的网页。

单击浏览器右上角的"查看收藏夹、源和历史记录"按钮☆，然后选择【添加到收藏夹】，可以看到列表中步骤 5 收藏的网页，单击即可打开该网页，如图 6-27 所示。

图 6-27　打开收藏的网页

实 验 三　电 子 邮 件

1. 实验目的

(1) 掌握 Outlook 2016 的基本操作，如：添加账户、接收邮件、发送邮件等。

(2) 了解申请电子邮箱的方法及电子邮箱的基本操作。

2. 实验内容

(1) 在 Outlook 2016 邮箱中添加账户。

(2) 使用 Outlook 2016 发送邮件。

(3) 使用 Outlook 2016 接收邮件。

(4) 申请网易 163 邮箱。

(5) 使用网易 163 邮箱发送邮件。

3. 实验步骤

步骤 1：在 Outlook 2016 邮箱中添加账户。

在使用在 Outlook 2016 收发邮件之前要先添加邮箱账户，并保证自己的邮箱账户的 POP 服务已经开启。

① 设置账户。首次打开 Outlook 2016 时，需要进行账户设置，可以按照提示进行操

作，选择【下一步】|【否】|【下一步】|【完成】，完成账户设置，如图 6-28 所示。设置完成进入到主界面，如图 6-29 所示。

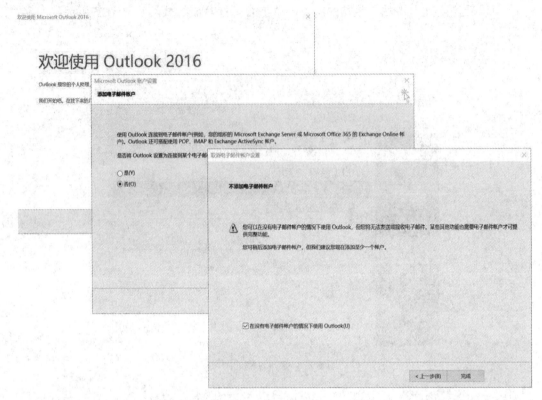

图 6-28　设置账户

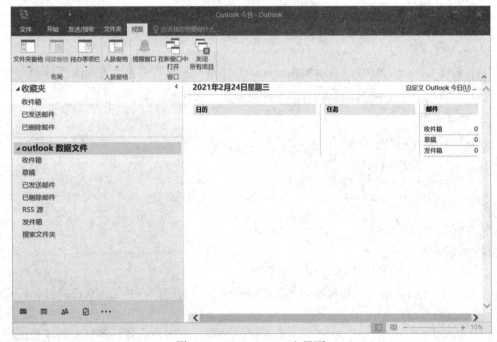

图 6-29　Outlook 2016 主界面

② 确认邮箱的 POP 服务是否开启。以 163 邮箱为例，打开"mail.163.com"网页，输入注册过的邮箱用户名和密码，登录邮箱，单击【设置】|【POP3/SMTP/IMAP】，打开服务设置界面，查看【POP3/SMTP 服务】，保证其为【已开启】状态，如图 6-30 所示。如果为【已关闭】，则单击【开启】，弹出【开启 POP3/SMTP】对话框。在该对话框中会显示授权密码，如图 6-31 所示，该密码只显示一次，将密码保存到文本文件，以备以后使用。

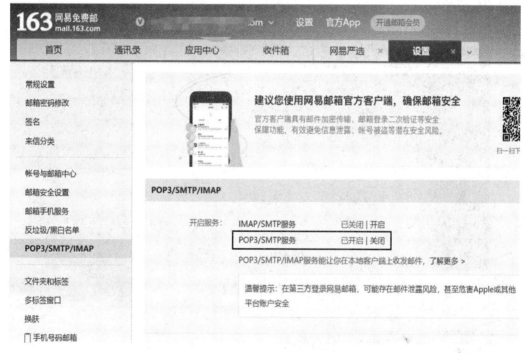

图 6-30　163 邮箱【设置】界面

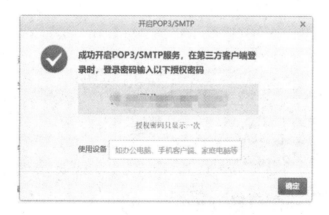

图 6-31　【开启 POP3/SMTP】对话框

③ 添加账户。单击【文件】|【信息】，打开【账户信息】窗口，如图 6-32 所示。在窗口中单击【+添加账户】按钮，打开【添加账户】对话框，选择【电子邮件账户(A)】，

在【您的姓名】框中输入自定义姓名；【电子邮箱地址】框中输入步骤②中已经开启 POP
服务的邮箱名称；【密码】和【重新键入密码】框中输入步骤②中开启服务时保存在记事
本中的密码，如图 6-33 所示。单击【下一步】按钮，Outlook 2016 会自动进行账户的匹配
设置，成功之后提示邮箱账户配置成功，如图 6-34 所示。返回 Outlook 2016【开始】窗口
可以看到添加的账户信息，如图 6-35 所示。

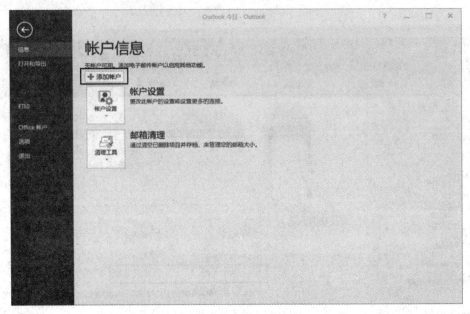

图 6-32　　【账户信息】窗口

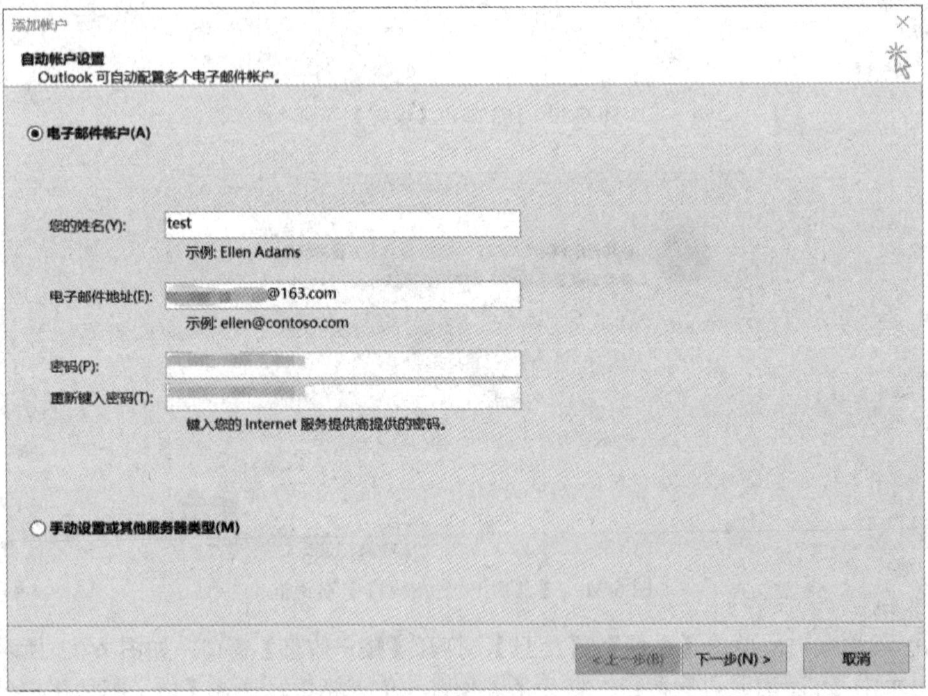

图 6-33　　【添加账户】对话框

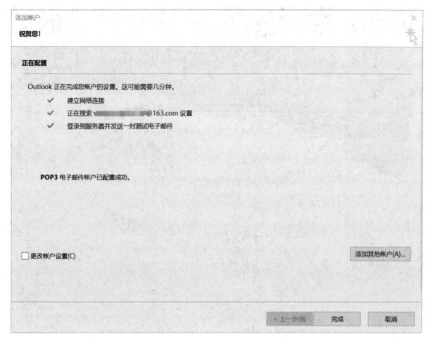

图 6-34　添加账户成功信息

图 6-35　Outlook 2016【开始】窗口

步骤 2：使用 Outlook 2016 发送邮件。

① 在 Outlook 2016 首页面，单击【开始】选项卡的【新建电子邮件】命令，打开【未命名-邮件(HTML)】窗口，如图 6-36 所示。

图 6-36　【未命名-邮件(HTML)】窗口

　　② 假设要给某两位老师发送实验一完成的作业，那么在步骤①窗口中输入"收件人""抄送人"的邮箱名称，撰写主题及邮件内容。

　　③ 如果邮件中要添加附件，单击【添加】功能组的【附加文件】|【浏览此电脑】，打开【插入文件】对话框，如图 6-37 所示。找到"实验一.txt"文件，单击【打开】按钮，将作业以附件的形式添加到邮件中。邮件内容全部填写完毕，如图 6-38 所示。

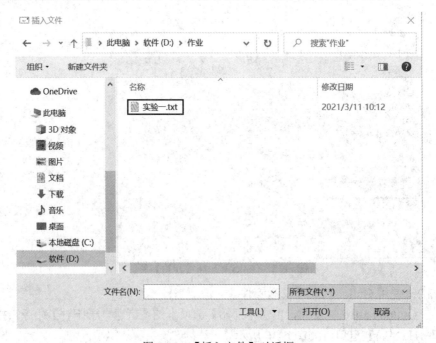

图 6-37　【插入文件】对话框

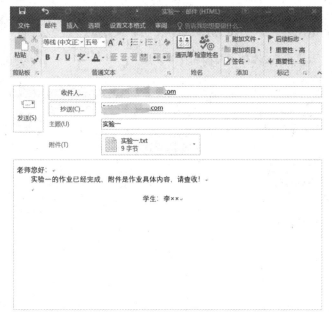

图 6-38　【实验一-邮件(HTML)】窗口

④ 单击【发送】按钮，完成邮件的发送。

步骤 3：使用 Outlook 2016 接收邮件。

① 在【发送/接收】选项卡的【发送和接收】功能组中，单击【发送/接收所有文件夹】按钮，系统弹出【Outlook 发送/接收进度】窗口，开始自动发送/接收邮件，并显示完成进度，如图 6-39 所示，完成邮件的接收操作后，该窗口会自动关闭。

图 6-39　【Outlook 发送/接收进度】窗口

② 返回到【发送/接收】页面，单击左侧账户列表中的【收件箱】，可以看到所有接收到的邮件，单击中间邮件列表中的某封邮件，在最右侧区域中显示该邮件的内容，如图 6-40所示。也可以双击邮件列表中的某封邮件，打开单独的邮件阅览窗口，阅读邮件，如图 6-41所示。

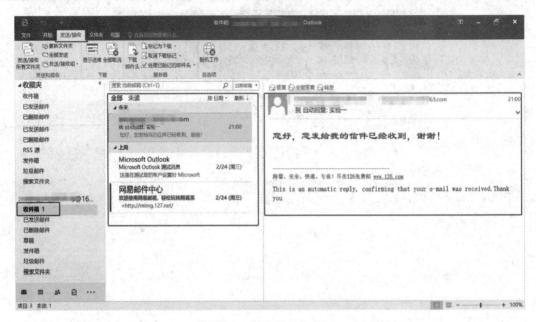

图 6-40　【收件箱】窗口

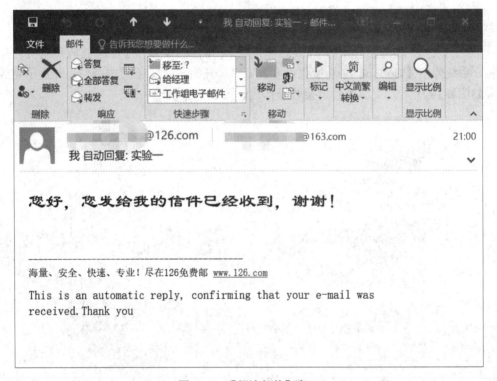

图 6-41　【阅读邮件】窗口

　　③ 如果邮件有附件，可以双击"附件"查看附件内容，也可以右键点击"附件"，选择【另存为】，弹出【保存附件】对话框，选择保存路径，填写文件名称，单击【保存】按钮，即可将附件保存到计算机指定的文件夹中，如图 6-42 所示。

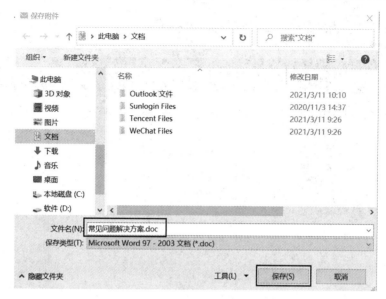

图 6-42　【保存附件】对话框

步骤 4：申请网易 163 邮箱。

打开浏览器，在地址栏输入 163 邮箱网址 "mail.163.com"，打开 163 邮箱首页，单击【注册网易邮箱】按钮，打开注册页面，如图 6-43 所示。根据提示输入相应信息，并勾选【同意《服务条款》、《隐私政策》和《儿童隐私政策》】，单击【立即注册】按钮，完成邮箱注册。

图 6-43　注册网易邮箱页面

步骤 5：使用网易 163 邮箱发送邮件。

返回网易 163 邮箱首页面，填入已注册的邮箱账号，登录邮箱，单击【首页】|【写信】，打开写信页面，如图 6-44 所示。在页面中填入收件人邮箱名称、主题，撰写邮件内容，单击【发送】按钮，完成邮件发送操作。

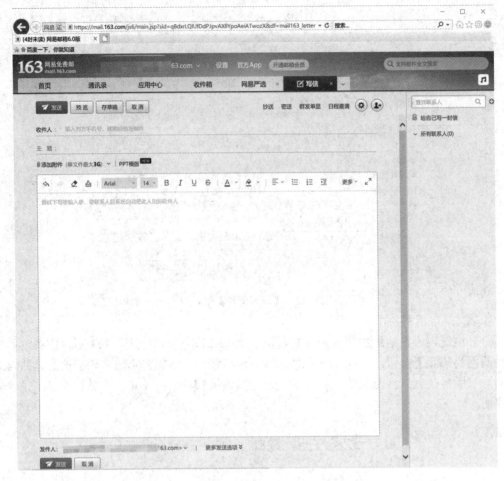

图 6-44 写信页面

6.4 习 题

一、选择题

1. 计算机网络的主要功能包括( )。

A. 日常数据收集、数据加工处理、提高数据可靠性、分布式处理

B. 数据通信、资源共享、数据管理与信息处理

C. 图片视频等多媒体信息传递和处理、分布式计算

D. 数据通信、资源共享、提高可靠性、分布式处理

2. 在计算机网络中，通常把提供并管理共享资源的计算机称为( )。

A. 服务器   B. 工作站   C. 网关   D. 路由器

3. 计算机网络是计算机技术与( )技术相结合的产物。

A. 网络   B. 通信   C. 软件   D. 信息

4. 下列四种表示方法中，( )用来表示计算机局域网。

A. LAN　　　　B. MAN　　　　C. WWW　　　　D. WAN

5. 就计算机网络分类而言，下列说法中规范的是( )。

A. 网络可以分为光缆网、无线网、局域网

B. 网络可以分为公用网、专用网、远程网

C. 网络可以分为局域网、广域网、城域网

D. 网路可以分为数字网、模拟网、通用网

6. 当个人计算机以拨号方式接入 Internet 网时，必须使用的设备是( )。

A. 交换机　　　B. 网桥　　　　C. 集线器　　　　D. 调制解调器

7. TCP/IP 协议的含义是( )。

A. 局域网传输协议　　　　　　B. 拨号入网传输协议

C. 传输控制协议和网际协议　　D. 网际协议

8. 以下不属于网络拓扑结构的是( )。

A. 广域网　　　B. 星型网　　　C. 总线型网　　　D. 环型网

9. 目前，局域网的传输介质主要是( )、同轴电缆和光纤。

A. 电话线　　　B. 双绞线　　　C. 公共数据网　　D. 通信卫星

10. 下列网络传输介质中传输速率最高的是( )。

A. 双绞线　　　B. 同轴电缆　　C. 光缆　　　　D. 电话线

11. 要想用计算机上网，至少要在计算机内增加一块( )。

A. 网卡　　　　B. 显示卡　　　C. 声卡　　　　D. 路由器

12. 在广域网中使用的网络互连设备是( )。

A. 集线器　　　B. 网桥　　　　C. 交换机　　　D. 路由器

13. 构造一个星型局域网，需要以下( )关键设备。

A. 同轴电缆　　B. 路由器　　　C. 集线器　　　D. 网关

14. 某台计算机的 IP 地址为 99.98.97.01，则该地址属于( )IP 地址。

A. A 类地址　　B. B 类地址　　C. C 类地址　　D. D 类地址

15. 下列四个 IP 地址，( )是 C 类地址。

A. 96.35.46.18　　　　　　　　B. 135.46.68.82

C. 195.46.78.52　　　　　　　　D. 242.56.42.41

16. 直接接入因特网的每一台计算机都必须有( )。

A. IP 地址　　　　　　　　　　B. E-mail 地址

C. 域名　　　　　　　　　　　　D. 用户名和密码

17. 下列 IP 地址中，可能正确的是( )。

A. 192.168.5　　　　　　　　　B. 202.116.256.10

C. 10.215.215.1.3　　　　　　　D. 172.16.55.69

18. IP 地址用( )个字节表示。

A. 2　　　　　　B. 3　　　　　　C. 4　　　　　　D. 5

19. 域名与 IP 地址是通过( )服务器相互转换的。

A. WWW　　　　B. DNS　　　　C. E-mail　　　　D. FTP

20. 以下(　　)表示域名。

A. 171.110.8.32　　　　　　　　　　　B. www.pheonixtv.com

C. http://www.example.com/index.html#print　　D. melon@public.com.cn

21. 主机域名 MH.BIT.EDU.CN 中顶级域名是(　　)。

A. MH　　　　　B. EDU　　　　　C. CN　　　　　D. BIT

22. 域名系统 DNS 的作用是(　　)。

A. 存放主机域名　　　　　　　　　B. 存放 IP 地址

C. 存放邮件的地址表　　　　　　　D. 将域名转换成 IP 地址

23. 域名是 Internet 服务提供商的计算机名，域名中的后缀.gov 表示机构所属类型为(　　)。

A. 军事机构　　　B. 政府机构　　　　C. 教育机构　　　D. 商业公司

24. 如果一个 www 站点的域名地址是 www.sjtu.edu.cn，则它一定是(　　)的站点。

A. 美国　　　　　B. 中国　　　　　C. 英国　　　　　D. 日本

25. TCP 协议的主要功能是(　　)。

A. 进行数据分组　　　　　　　　　B. 保证可靠的数据传输

C. 确定数据传输路径　　　　　　　D. 提高数据传输速度

26. 通过电话拨号接入因特网的方式，称为"非对称数字用户线路"接入技术，其中"非对称数字用户线路"的英文缩写是(　　)。

A. ADSL　　　　B. ISDN　　　　C. ISP　　　　D. TCP

27. HTML 的正式名称是(　　)。

A. 主页制作语言　　　　　　　　　B. 超文本标记语言

C. Internet 编程语言　　　　　　　D. www 编程语言

28. 以拨号方式连接入 Internet 时，不需要的硬件设备是(　　)。

A. PC　　　　　B. 网卡　　　　　C. Modem　　　　D. 电话线

29. 所有与 Internet 相连接的计算机必须遵守一个共同协议，即(　　)。

A. HTTP　　　　B. IEEE 802.11　　　C. TCP/IP　　　D. IPX

30. 与 Web 网站和 Web 页面密切相关的一个概念称为"统一资源定位器"，它的英文缩写是(　　)。

A. UPS　　　　B. USB　　　　C. ULR　　　　D. URL

31. 在 Internet 上访问 Web 信息的是浏览器，下列(　　)项不是 Web 浏览器之一。

A. Internet Explorer　　　　　　　B. Navigate Communicator

C. Opera　　　　　　　　　　　D. Outlook Express

32. Internet 采用(　　)模式。

A. 主机-终端系统　　　　　　　　B. Novell 网

C. Windows NT　　　　　　　　　D. 客户-服务器系统

33. FTP 是指(　　)。

A. 远程登录　　　B. 网络服务器　　　C. 域名　　　D. 文件传输协议

34. 网络的传输速率是 10 Mb/s，其含义是(　　)。

A. 每秒传输 10M 个字节　　　　　　B. 每秒传输 10M 二进制位

C. 每秒可以传输 10M 个字符　　　　　　　D. 每秒传输 10000000 二进制位

35. 电子邮箱的地址由(　　　)。

A. 用户名和主机域名两部分组成，它们之间用符号"@"分隔

B. 主机域名和用户名两部分组成，它们之间用符号"@"分隔

C. 主机域名和用户名两部分组成，它们之间用符号"."分隔

D. 用户名和主机域名两部分组成，它们之间用符号"."分隔

36. 电子邮件是 Internet 应用最广泛的服务项目，通常采用的传输协议是(　　　)。

A. SMTP　　　　　　B. TCP/IP　　　　　　C. CSMA/CD　　　　　　D. IPX/SPX

37. 使用 Outlook Express 操作电子邮件，下列说法正确的是(　　　)。

A. 发送电子邮件时，一次发送操作只能发送给一个接收者

B. 可以将计算机中存储的文件作为邮件附件发送给收件人

C. 接收方必须开机，发送方才能发送邮件

D. 只能发送新邮件、回复邮件，不能转发邮件

38. 下列叙述中，正确的是(　　　)。

A. 计算机病毒只在可执行文件中传染

B. 计算机病毒主要通过读/写移动存储器或 Internet 网络进行传播

C. 只要删除所有感染了病毒的文件就可以彻底消除病毒

D. 计算机杀毒软件可以查出和清除任意已知的和未知的计算机病毒

39. 下列情况中，(　　　)一定不是因病毒感染所致。

A. 显示器不亮　　　　　　　　　　　　　B. 计算机提示内存不够

C. 以.exe 为扩展名的文件变大　　　　　　D. 机器运行速度变慢

40. 计算机病毒破坏的主要对象是(　　　)。

A. 磁盘片　　　　　B. 磁盘驱动器　　　　　C. CPU　　　　　D. 程序和数据

41. 以下(　　　)不是预防计算机病毒的措施。

A. 不用来历不明的 U 盘　　　　B. 专机专用　　　　C. 不上网　　　　D. 定期查毒

42. 为了防止计算机病毒的感染，应该做到(　　　)。

A. 干净的 U 盘不要与来历不明的 U 盘放在一起

B. 长时间不用的 U 盘要经常格式化

C. 不要复制来历不明的 U 盘上的程序(文件)

D. 对 U 盘上的文件要进行重新复制

43. 目前使用的杀毒软件，能够(　　　)。

A. 检查计算机是否感染了某些病毒，如有感染，可以清除其中一些病毒

B. 检查计算机是否感染了任何病毒，如有感染，可以清除其中一些病毒

C. 检查计算机是否感染了病毒，如有感染，可以清除所有的病毒

D. 防止任何病毒再对计算机进行侵害

44. 第三代计算机通信网络的网络体系结构与协议标准趋于统一，国际标准化组织建立了(　　　)参考模型。

A. OSI　　　　　　B. TCP/IP　　　　　　C. HTTP　　　　　　D. ARPA

45. 在下列四项中，不属于 OSI(开放系统互连)参考模型七个层次的是(　　　)。

A. 会话层　　　　　B. 数据链路层　　　　C. 用户层　　　　　D. 应用层

46. 防火墙是(　　)。

A. 一个特定硬件　　　　　　　　　　B. 一个特定软件

C. 执行访问控制策略的一组系统　　　　D. 一批硬件的总称

47. 一般而言，Internet 防火墙建立在一个网络的(　　)。

A. 内部子网之间传送信息的中枢

B. 每个子网内部

C. 内部网络与外部网络的交叉点

D. 部分内部网络与外部网络的结合处

二、操作题

1. 配置计算机的 TCP/IP 协议，参数信息如下：

IP 地址：111.118.110.60

子网掩码：255.255.255.0

默认网关：111.118.110.254

DNS：202.118.66.6

2. 使用 IE 浏览器打开网页"www.weather.com.cn"，在计算机硬盘中新建文件夹"中国天气"，将该网页内容保存到"中国天气"文件夹，并将该网页添加到收藏夹。

3. 使用 IE 浏览器打开网页"www.cpta.com.cn"，把主页上的一张图片保存到计算机硬盘"图片"文件夹中。

4. 使用 Outlook 2016 接收一封邮件，并回复该邮件，内容为"感谢您的来信，我已收到，谢谢！"

5. 使用 Outlook 2016 发送一封邮件：

收信地址：mail1test@163.com

主题：×××风景区特点

将×××风景区.jpg 图片作为附件添加到邮件中

信件正文如下：

您好！

×××风景区坐落于×××市，风景秀美，是国家 5A 级景区，欢迎您随时来观光度假！

此致

敬礼！

第7章 多媒体技术基础

7.1 学习要求

(1) 掌握多媒体技术相关概念。
(2) 掌握多媒体系统的组成、多媒体的关键技术和应用领域。
(3) 了解声音处理的基础知识，了解图像处理的相关概念。
(4) 掌握声音格式、图像格式、图形图像、分辨率的概念。
(5) 了解多媒体压缩技术。
(6) 了解各种多媒体制作软件。

7.2 典型例题精讲

例7-1 以下选项中，(   )不属于国际电话电报咨询委员会定义的媒体类型。

A. 显示媒体　　　B. 存储媒体　　　C. 感觉媒体　　　D. 信息媒体

【解析】国际电话电报咨询委员会把媒体分为5种类型：感觉媒体(如声音、动画、图形等)、表示媒体(如图形编码、音频编码等)、显示媒体(如键盘、鼠标、显示器等)、存储媒体(如磁盘、光盘等)、传输媒体(如电缆、光纤等)。

【答案】D

例7-2 以下选项中，不属于多媒体信息类型的是(   )。

A. 文本　　　　　B. 音频　　　　　C. 动画　　　　　D. LED广告

【解析】多媒体信息的类型包括：文本、音频、图形、图像、视频、动画。

【答案】D

例7-3 以下选项中，不属于多媒体技术特性的是(   )。

A. 交互性　　　　B. 多样性　　　　C. 集成性　　　　D. 非实时性

【解析】多媒体技术的特性包括：交互性(使用户有效地实现对信息的控制与使用)、多样性(信息媒体的多样化或多维化)、集成性(多种信息媒体的有机组合)、实时性(用户给出操作指令时，会立刻得到相应的多媒体反馈信息)。

【答案】D

例7-4 多媒体系统包括多媒体硬件系统和(   )。

A. 多媒体应用软件　　　　　　　　　B. 多媒体软件系统

C. 多媒体操作系统　　　　　　　　　　D. 多媒体创作软件

【解析】多媒体系统包括多媒体硬件系统和多媒体软件系统。A、C、D 选项均为是多媒体软件系统的组成部分。

【答案】B

例 7-5　DVD 的数据传输率一般为 16 倍速，大约为(　　)。

A. 21.09 MB/s　　B. 1350 KB/s　　C. 16 MB/s　　D. 9 MB/s

【解析】DVD 光盘的单倍速是 1350 KB/s，16 倍速为 16 × 1350 KB/s，约为 21.09 MB/s。

【答案】A

例 7-6　声音信号数字化的过程需要的步骤包括：采样、量化和(　　)。

A. 离散化　　　　B. 转换　　　　　C. 编码　　　　　D. 保真

【解析】声音信号数字化的过程需要的步骤包括：采样、量化和编码。采样实现了模拟信号的离散化，量化把采样后的样本转换为离散值(数字量)，最后使用一定的压缩编码算法进行压缩，并按规定格式将数字组织成文件。

【答案】C

例 7-7　在录制声音节目时，如使用 48 kHz 采样频率进行采样，量化采用 24 位，那么录制 9 分钟的环绕立体声节目大概需要占用的存储空间为(　　)MB。

A. 48.7　　　　　B. 455.6　　　　　C. 189.6　　　　　D. 249.5

【解析】环绕立体声也就是六声道，那么占用的存储空间为 48000 × (24 ÷ 8) × 6 × (9 × 60)，约为 455.6 MB。

【答案】B

例 7-8　固定时间长度的一首乐曲，(　　)格式文件所需存储空间最大。

A. WAV　　　　　B. MIDI　　　　　C. MP3　　　　　D. WMA

【解析】WAV 格式是微软公司开发的一种声音文件格式，也叫波形声音文件，是数字音频技术中心最常用的未经压缩的格式，还原的音质较好，所需存储空间大。WAV 格式文件的扩展名为.wav。MIDI 文件存储的是一系列指令而不是声音波形数据，因此比 WAV 文件要小得多。MIDI 文件扩展名为.mid。MP3 是一种有损压缩，牺牲了部分高音频质量来换取文件压缩，一般是 WAV 文件的 1/10 大小，扩展名为.mp3。WMA 是微软在互联网音频领域力推的文件格式，压缩率可以达到 1:18，扩展名为.wma。

【答案】A

例 7-9　数字图像的分辨率是指(　　)。

A. 亮度　　　　　B. 灰度　　　　　C. 色彩　　　　　D. 点阵大小

【解析】数字图像的分辨率就是指数字图像的尺寸，也就是水平和垂直两个维度的像素个数，即点阵大小。分辨率的高低直接影响图像的效果，分辨率太低会导致图像粗糙，而使用较高的分辨率会增加图像文件占用的存储空间。

【答案】D

例 7-10　以下关于位图和矢量图的叙述中正确的是(　　)。

A. 图形越复杂，矢量图显示速度越快

B. 位图和矢量图在缩放时都不会失真

C. 尺寸相同的位图和矢量图，占用空间也相同

D. 矢量图适合于设计领域，如室外大型喷绘、标志等

【解析】位图也称图像，其大小和质量取决于图像单位面积上的像素点的数量，文件较大，显示速度较快，但进行缩放时会有所失真，常用于画面复杂、细腻的数码照片和数字绘画等。矢量图又称为向量图，是数学方式描述的线条和色块组成的图形，它与分辨率无关，但与图形的复杂度有关，即简单图形所占用的存储空间较小，复杂图形占用的空间较大，而且图形越复杂，计算机执行绘图指令需要花费的时间越多，显示速度就越慢。矢量图在缩放时不会失真，适合于设计领域。

【答案】D

例 7-11　下列选项中，(　　)是视频文件的格式。

A. JPG　　　　　　B. WMV　　　　　　C. AVI　　　　　　D. BMP

【解析】JPG 和 BMP 是图像文件的格式，WMV 是音频文件的格式。

【答案】C

例 7-12　一幅分辨率为 1024×768 的 256 色静态图像，占用的存储空间为(　　)。

A. 768 KB　　　　B. 1024 KB　　　　C. 256 KB　　　　D. 168 KB

【解析】256 色意味着图像颜色深度为 8 位，那么该图像的大小为 $1024 \times 768 \times 8 \div 8 = 1024 \times 768$ B = 768 KB。

【答案】A

7.3　习　　题

选择题

1. 以下选项中，不属于感觉媒体的是(　　)。

A. 声音　　　　　B. 图形　　　　　C. 视频　　　　　　D. 摄像机

2. 以下选项中，不属于显示媒体的是(　　)。

A. 键盘　　　　　B. 打印机　　　　C. 纸张　　　　　　D. 话筒

3. 以下选项中，属于多媒体的是(　　)。

A. 远程交互式教学　　B. 彩色画报　　　C. 有声图书　　　　D. LED 电视

4. 以下选项中，不属于多媒体主要特性的是(　　)。

A. 多样性　　　　　B. 实时性　　　　C. 交互性　　　　　D. 扩展性

5. 固定时长的一首乐曲，要使得其占用存储空间最小，应保存为(　　)格式。

A. WAV　　　　　　B. MP3　　　　　　C. WMA　　　　　　D. MIDI

6. 如果要求录制的音频质量越高，那么需要做到(　　)。

A. 采样频率越低　　　　　　　　B. 采样频率越高

C. 量化级数越低　　　　　　　　D. 压缩率越高

7. 以下属于多媒体计算机图像输入设备的是(　　)。

A. 摄像机　　　　B. 视频采集卡　　C. 声卡　　　　　　D. 扫描仪

8. 以下选项中，不属于声音文件格式的是(　　)。

A. WAV　　　　　B. MP3　　　　　C. MIDI　　　　　D. AVI

9. 按以下配置进行采集音频，质量最高的是(　　)。

A. 21 kHz、8 位、双声道　　　　　B. 42 kHz、8 位、单声道

C. 21 kHz、16 位、单声道　　　　　D. 42 kHz、16 位、双声道

10. GIF 格式是(　　)的存储格式。

A. 静态图像　　　B. 动态图形　　　C. 动态图像　　　D. 视频

11. 以下选项中，不属于视频文件格式的是(　　)。

A. JPG　　　　　B. AVI　　　　　C. MPG　　　　　D. RM

12. 以下选项中，不属于多媒体素材制作工具的是(　　)。

A. PhotoShop　　B. Cool Edit　　C. Director　　　D. Word

13. 以下选项中，属于多媒体开发工具的是(　　)。

A. WPS　　　　　B. Cool Edit　　C. Authorware　　D. Flash

14. 以下存储容量最大的是(　　)。

A. CD-ROM　　　B. CD-DA　　　C. DVD　　　　　D. 蓝光 DVD

15. 一幅分辨率为 512×512 的 16 色静态图像，其容量大小为(　　)。

A. 512 KB　　　B. 256 KB　　　C. 32 KB　　　　D. 128 KB

16. 以下不能播放视频文件的是(　　)。

A. Windows Media Player　　　　　B. Premiere

C. After Effects　　　　　　　　　D. Cool Edit Pro

17. 图像文件的容量大小与(　　)无关。

A. 总像素数量　　B. 颜色深度　　C. 压缩比　　　　D. 灰度

18. 一张标准的 DVD 光盘的存储容量是(　　)

A. 650 MB　　　B. 470 MB　　　C. 4.7 GB　　　　D. 5.7 GB

19. 以下关于图形的说法正确的是(　　)。

A. 图形缩放时可能会失真　　　　　B. 图形等同于图像

C. 图形不是矢量图　　　　　　　　D. 复杂的图形占用更多的存储空间

20. 以下选项中，(　　)不是图像的颜色模式。

A. RGB　　　　　B. CMYK　　　　C. HSB　　　　　D. BMP

第8章　数据库技术基础

8.1　学习要求

(1) 掌握数据库、数据库管理系统、数据库系统基本概念。
(2) 掌握数据模型的基本概念。
(3) 掌握概念模型及 E-R 图。
(4) 了解常见的基本数据模型。
(5) 掌握 SQL 基本概念及简单查询方法。
(6) 了解 Access 基本概念。

8.2　典型例题精讲

例 8-1　数据库 DB、数据库系统 DBS、数据库管理系统 DBMS 三者之间的关系是（　　）。
A. DBS 包括 DB 和 DBMS
B. DBMS 包括 DB 和 DBS
C. DB 包括 DBS 和 DBMS
D. DBS 包括 DB，也就是 DBMS

【解析】DBS 代表数据库系统，指基于数据库的计算机应用系统。DBS 主要由以下几部分组成：硬件及数据库(DB)；软件，包括操作系统、数据库管理系统(DBMS)、编译系统及应用开发工具软件等；人员，包括数据库管理员(DBA)、系统分析员、应用程序员和用户。

【答案】A

例 8-2　数据库系统的特点是(　　)、数据独立、减少数据冗余、避免数据不一致和加强了数据保护。
A. 数据共享　　　B. 数据存储　　　　　C. 数据应用　　　D. 数据保密

【解析】数据库系统提供了数据共享功能，较好地解决了数据冗余问题，同时将数据与处理数据的程序分开，解决了数据的独立性问题。

【答案】A

例 8-3 在数据库中存储的是(　　)。

A. 数据　　　　　　　　　　　　B. 数据模型

C. 数据以及数据之间的关系　　　　D. 信 息

【解析】数据库不仅存放了数据，而且还存放了数据与数据之间的关系。一个数据库系统中通常有多个数据库，每个数据库由若干张表(Table)组成。

【答案】C

例 8-4 数据库管理系统所支持的传统数据模型有(　　)。

A. 层次模型　　B. 网状模型　　　　C. 关系模型　　D. 以上所有选项

【解析】 常用的数据库的概念模型有以下几种类型：层次模型、网状模型、关系模型、面向对象数据模型。

【答案】D

例 8-5 不属于数据库系统三级模式结构的是(　　)。

　A. 概念模式　　B. 核模式　　　　C. 内模式　　　　D. 外模式

【解析】数据库系统的三级模式结构是指数据系统是由外模式、概念模式和内模式三级结构构成的。外模式也称用户结构，是数据库用户看到的视图模式；概念模式也称概念结构，是使用概念数据模型为用户描述整个数据库的逻辑结构；内模式也称数据结构，是数据库内部的表示，即对数据的物理结构和存储方式的描述。

【答案】B

例 8-6 (　　)是存储在计算机内有结构的数据的集合。

A. 数据库系统　　　　　　　　　　B. 数据库

C. 数据库管理系统　　　　　　　　D. 数据结构

【解析】数据库中的数据不是杂乱无章的堆集，而是以一定结构存储在一起，且相互关联、结构化的数据集合。

【答案】B

例 8-7 关系模式的任何属性(　　)。

A. 不可再分　　　　　　　　　　　B. 可再分

C. 命名在该关系模式中可以不唯一　　D. 以上都不是

【解析】关系是一种规范化的表格，它有以下限制：

① 关系中每个属性值是不可分解的。

② 关系中每个元组代表一个实体，因此不允许存在两个完全相同的元组。

③ 元组的顺序无关紧要，可以任意交换，不会改变关系的意义。

④ 关系中各列的属性值取自同一个域，故一列中的各个分量具有相同性质。

⑤ 列的次序可以任意交换，不改变关系的实际意义，但不能重复。

【答案】A

例 8-8 在关系数据模型中，域是指(　　)。

A. 字段　　　　　B. 记录　　　　　C. 属性　　　　D. 属性的取值范围

【解析】每个属性的取值范围称为它的值域。关系的每个属性都必须对应一个值域，不同属性的值域可以相同或不同。

【答案】D

例 8-9　下列关于实体的描述中，错误的是(　　)。

A. 实体是客观存在并相互区别的事物

B. 实体不能用于表示抽象的事物

C. 实体既可以表示具体的事物，也可以表示抽象的事物

D. 实体数据独立性较高

【解析】　一般认为，客观上可以相互区分的事物就是实体。实体可以是具体的人和物，也可以是抽象的概念与联系。

【答案】B

例 8-10　关系数据管理系统中，所谓的关系是(　　)。

A. 各条记录中的数据有一定的关系

B. 一个数据文件与另一个数据文件之间有一定的关系

C. 数据模型符合满足一定条件的二维表格式

D. 数据库中各个字段之间有一定的关系

【解析】关系对应通常所说的表，它由行和列组成。

【答案】C

例 8-11　在同一学校中，系和教师的关系是(　　)。

A. 一对一　　　B. 一对多　　　　　C. 多对一　　　　　　D. 多对多

【解析】概念模型中实体集之间的联系可分为三类：

① 若实体集 A 中的每个实体至多和实体集 B 中的一个实体有联系，则称 A 与 B 具有一对一的联系，反之亦然。一对一的联系记作 1：1。

② 若实体集 A 中的每一个实体和实体集 B 中的多个实体有联系，反之，实体集 B 中的每个实体至多只和实体集 A 中一个实体有联系，则称 A 与 B 是一对多的联系，记作 1：n。

③ 若实体集 A 中的每一个实体和实体集 B 中的多个实体有联系，反之，实体集 B 中的每个实体也可以与实体集 A 中的多个实体有联系，则称实体集 A 与实体集 B 有多对多的联系，记作 m：n。

此题中一个系有多名教师，一名教师只能隶属于一个系，所以系和教师是一对多的关系，故该题选 B 答案。

【答案】B

例 8-12　若要从教师表中找出职称为教授的教师，则需要进行的关系运算是(　　)。

A. 选择　　　　　　B. 投影　　　　C. 连接　　　D. 求交

【解析】关系模式支持的三种基本运算：

① 选择是根据给定的条件，从一个关系中选出一个或多个元组(表中的行)。

② 投影是从一个关系中选择某些特定的属性(表中的列)重新排列组成一个新关系，投影之后属性减少，新关系中可能有一些行具有相同的值。

③ 连接是从两个或多个关系中选取属性间满足一定条件的元组，组成一个新的关系。

此题中是要从教师表中选出条件符合教授的教师的所有信息，是从行的角度选出多个元组，所以是选择运算，故该题选 A 答案。

【答案】A

例 8-13　若两个实体之间的联系是 $1:n$，则实现 $1:n$ 联系的方法是(　　)。

A. 在"n"端实体转换的关系中加入"1"端实体转换关系的码

B. 将"n"端实体转换关系的码加入到"1"端的关系中

C. 在两个实体转换的关系中，分别加入另一个关系的码

D. 将两个实体转换成一个关系

【解析】转换实体间联系的规则：

① 若实体间联系是 $1:1$，则可以在两个实体类型转换成的两个关系模式中，在任意一个关系模式的属性中加入另一个关系模式的主键。

② 若实体间联系是 $1:n$，则在"n"端实体关系中加入"1"端实体的键和联系的属性。

③ 若实体间联系是 $m:n$，则将联系类型也转换成关系模式(新表)，其属性为两端实体类型的键加上联系类型的属性，而新表的键为两端实体键的组合。

【答案】A

例 8-14　以下关于 SQL 语句的叙述中，错误的是(　　)。

A. SQL 语句集数据定义、操控和控制语言为一体

B. SQL 语句可实现面向集合操作

C. SQL 语句体现了高度过程化特点，提高了数据独立性

D. SQL 是"选择查询语言"的英文缩写

【解析】SQL 的特点：

① 一体化；

② 高度非过程化；

③ 语言简洁，易学易用；

④ 能以多种方式使用；

⑤ 面向集合的操作方式。

【答案】C

例 8-15　用 SQL 语言描述"在教师表中查找女教师的全部信息"，以下描述正确的是(　　)。

A. SELECT FROM 教师表 IF 性别="女"

B. SELECT 性别 FROM 教师表 IF 性别="女"

C. SELECT * FROM 教师表 WHERE 性别="女"

D. SELECT * FROM 性别 WHERE 性别="女"

【解析】SELECT 命令包含很多功能各异的子句选项，最基础的格式为：SELECT … FROM… WHERE。其中，SELECT 用于选择查询结果显示的目标列表，"*"表示所有列，FROM 用于列出查询要用到的所有表文件，而 WHERE 则用于指定查询结果的筛选条件。

【答案】C

例 8-16　在 SQL 语言中，创建一个表的命令是(　　)。

A. DROP TABLE　　　　　　B. ALTER TABLE

C. CREATE TABLE　　　　　D. DEFINE TABLE

【解析】常用的 SQL 语句的类型、功能以及关键词如表 8-1 所示。

表 8-1 SQL 语句

SQL 语句类型	功能	语句关键词
数据定义	创建表	CREATE TABLE
	删除表	DROP TABLE
	修改表	ALTER TABLE
数据更新	添加操作	INSERT INTO
	修改操作	UPDATE
	删除操作	DELETE

【答案】C

例 8-17 在课程表中要查找课程名称中包含"计算机"的课程，对应"课程名称"字段的条件表达式是( )。

A. "计算机"　　　　B. "*计算机*"　　　　C. Like"*计算机*"　　　　D. Like"计算机"

【解析】SELECT 语句使用 LIKE 的模糊查询可以包括两个通配符："*"和"?"。其中，"*"表示任意多个字符或汉字；"?"表示任意一个字符或汉字。

【答案】C

8.3 习　　题

选择题

1. DBS 是指( )。

A. 数据　　　B. 数据库　　　　C. 数据库系统　　　　　D. 数据库管理系统

2. 应用数据库的主要目的是( )。

A. 解决保密问题　　　　　　　B. 解决数据完整性问题

C. 共享数据　　　　　　　　　D. 解决数据量大的问题

3. 数据库系统中数据的特点是( )。

A. 共享度低，冗余度低，独立性好

B. 共享度高，冗余度高，独立性差

C. 共享度高，无冗余，独立性好

D. 共享度高，冗余度低，独立性好

4. 下列关于数据库系统的描述中，不正确的是( )。

A. 可以实现数据库共享、减少数据冗余

B. 可以表示事物与事物之间的数据类型

C. 支持抽象的数据模型

D. 数据独立性较差

5. 常见的数据模型有(　　)三种。

A. 网状、关系和语义　　　　　　　B. 环状、层次和关系

C. 字段名、字段类型和记录　　　　D. 层次、关系和网状

6. 用树型结构来表示实体之间联系的模型称为(　　)。

A. 关系模型　　　B. 层次模型　　　C. 网状模型　　　D. 网络模型

7. 下列模式中，(　　)是用户模式。

A. 内模式　　　　B. 外模式　　　　C. 概念模式　　　D. 逻辑模式

8. E-R 图是数据库设计的工具之一，它适用于建立数据库的(　　)。

A. 概念模型　　　B. 逻辑模型　　　C. 结构模型　　　D. 物理模型

9. 关系数据库中的表不具有的性质是(　　)。

A. 数据项不可再分

B. 同一列数据项要具有相同的数据类型

C. 记录的顺序可以任意排列

D. 字段的顺序不能任意排列

10. 在 E-R 图中，用来表示实体的图形是(　　)。

A. 矩形　　　　　B. 椭圆形　　　　C. 菱形　　　　　D. 三角形

11. 在同一学校中，人事部门的教师表和财务部门的工资表的关系是(　　)。

A. 一对一　　　　B. 一对多　　　　C. 多对一　　　　D. 多对多

12. 二维表由行和列组成，每一行表示关系的一个(　　)。

A. 属性　　　　　B. 字段　　　　　C. 集合　　　　　D. 记录

13. 下列不属于关系数据库术语的是(　　)。

A. 记录　　　　　B. 字段　　　　　C. 数据项　　　　D. 模型

14. 一个关系数据库文件中的各条记录(　　)。

A. 前后顺序不能任意颠倒，一定要按照输入的顺序排列

B. 前后顺序可以任意颠倒，不影响库中的数据关系

C. 前后顺序可以任意颠倒，但要影响数据统计结果

D. 以上都不是

15. 关系数据库系统能够实现的三种基本关系运算是(　　)。

A. 索引、排序、查询　　　　　　　B. 建库、输入、输出

C. 选择、投影、连接　　　　　　　D. 显示、统计、复制

16. 从关系模型中指定若干属性组成新的关系称为(　　)。

A. 选择　　　　　B. 投影　　　　　C. 连接　　　　　D. 自然连接

17. 从关系中找出满足给定条件的操作称为(　　)。

A. 选择　　　　　B. 投影　　　　　C. 连接　　　　　D. 自然连接

18. 若要从学生关系中查询学生的姓名和班级，则需要进行的关系运算是(　　)。

A. 选择　　　　　B. 投影　　　　　C. 连接　　　　　D. 求交

19. 修改数据库记录的 SQL 命令是(　　)。

A. UPDATE　　　B. ALTER　　　C. CREATE　　　D. SELECT

20. 往数据库中添加记录的 SQL 命令是(　　)。

A. ADD　　　B. INSERT INTO　　　C. ALTER　　　D. ADD INTO

21. 删除数据记录的 SQL 命令是(　　)。

A. DELETE　　　B. DROP　　　C. ALTER　　　D. SELECT

22. 已知商品表的关系模式为商品(商品编号，名称，类型)，使用 SQL 语句查询类型为"电器"的商品信息，以下语句正确的是(　　)。

A. SELECT * FROM 商品 GROUP BY 类型

B. SELECT * FROM 商品 WHERE 类型="电器"

C. SELECT * FROM 商品 WHERE 类型=电器

D. SELECT * FROM 商品 WHILE 类型="电器"

23. Access 是一个(　　)。

A. 数据库文件系统　　　　B. 数据库系统

C. 数据库应用系统　　　　D. 数据库管理系统

24. Access 中表和数据库的关系是(　　)。

A. 一个数据库可以包含多个表

B. 一个表只能包含两个数据库

C. 一个表可以包含多个数据库

D. 一个数据库只能包含一个表

25. Access 数据库属于(　　)数据库。

A. 层次模型　　　B. 网状模型　　　C. 关系模型　　　D. 面向对象模型

附录A　模　拟　题

模　拟　题 1

一、选择题

1. 世界上公认的第一台电子计算机诞生于(　　)。

A. 20 世纪 30 年代　　　　　　　　B. 20 世纪 40 年代

C. 20 世纪 80 年代　　　　　　　　D. 20 世纪 90 年代

2. 用计算机进行图书资料检索工作，属于计算机应用中的(　　)。

A. 科学计算　　　B. 数据处理　　　C. 人工智能、　　D. 实时控制

3. 计算机内部采用(　　)来传输、存储和加工处理数据或指令。

A. 十进制码　　　　　　　　　　　B. 八进制码

C. 二进制码　　　　　　　　　　　D. 十六进制码

4. 下列 4 种不同进制表示的数中，最小的数是(　　)。

A. 247O　　　　B. 169　　　　C. A6H　　　　D. 10101000B

5. 在微机中，西文字符采用(　　)进行编码。

A. ASCII 码　　　B. 国标码　　　C. BCD 码　　　D. 机内码

6. 高速缓冲存储器是为了解决(　　)。

A. 内存与辅助存储器之间速度不匹配问题

B. CPU 与辅助存储器之间速度不匹配问题

C. CPU 与内存储器之间速度不匹配问题

D. 主机与外设之间速度不匹配问题

7. 在微型计算机存储系统中，PROM 是(　　)。

A. 可读/写存储器　　　　　　　　B. 动态随机存取存储器

C. 只读存储器　　　　　　　　　　D. 可编程只读存储器

8. 有一个 16 KB 容量的内存储器，用十六进制数对它的地址进行编码，则编号可从 3000H 到(　　)。

A. 4000H　　　　B. 6FFFH　　　　C. 3FFFH　　　　D. 7000H

9. 下列叙述中，错误的是(　　)。

A. USB 接口只能用于连接 U 盘

B. 运算器可执行逻辑运算

C. BIOS 是一组固化在 ROM 中的程序

D. RAM 中的信息可以改写

10. 下列不属于系统软件的是( )。

A. Linux

B. UNIX

C. Windows 7

D. Word 文字处理软件

11. 在搜索文件/文件夹时，若用户选择通配符 *.txt，其含义为( )。

A. 选中所有的文件

B. 选中所有文件中主名任意、扩展名为 txt 的文本文件

C. 选中所有扩展名含有 * 的文件

D. 选中所有主名含有 * 的文件

12. 在 Word 2016 中，将光标移动至文档左侧的选择栏，然后双击，可以选定( )。

A. 光标所指的这一段内容

B. 整个文档内容

C. 光标所指的行

D. 光标所在行到文档末尾

13. 如 D2 单元格的内容为"=B2*C2"，当单元格被复制到 E3 单元格时，E3 单元格的内容为( )。

A. =C3*D3

B. =B2*C2

C. =C2*D2

D. =B3*C3

14. 在 PowerPoint 2016 中，通过设置( )，单击"观看放映"后能够自动放映。

A. 排练计时

B. 动画设置

C. 自定义动画

D. 幻灯片设计

15. 下列关于计算机病毒的叙述中，错误的是( )。

A. 计算机病毒具有潜伏性

B. 计算机病毒具有传染性

C. 计算机病毒是一个特殊的寄生程序

D. 感染过计算机病毒的计算机具有对该病毒的免疫性

16. 计算机安全是指计算机资产安全，即( )。

A. 计算机信息系统资源和信息资源不受自然和人为有害因素的威胁和危害

B. 信息资源不受自然和人为有害因素的威胁和危害

C. 计算机硬件系统不受人为有害因素的威胁和危害

D. 计算机信息系统资源不受自然有害因素的威胁和危害

17. SMTP 是因特网中( )。

A. 浏览网页的工具

B. 用于传输文件的一种服务

C. 用于用户代理向邮件服务器发送邮件或在邮件服务器之间发送邮件

D. 是互联网上标准资源的地址

18. 以下不属于多媒体技术特性的是( )。

A. 交互性

B. 多样性

C. 集成性

D. 异步性

19. 固定时间长度的一首乐曲，( )格式文件最大。

A. WAV

B. MIDI

C. MP3

D. WMA

20. 数据库系统中数据的特点是( )。

A. 共享度低，冗余度低，独立性好　　　B. 共享度高，冗余度高，独立性差

C. 共享度高，无冗余，独立性好　　　　D. 共享度高，冗余度低，独立性好

二、操作题

1. Windows 操作题

(1) 将"D:\素材\exam\exam_1\Test\01"文件夹中的文件 A. docx 设置为只读属性。

(2) 将"D:\素材\exam\exam_1\Test\02"文件夹中的文件 B. bmp 删除。

(3) 在"D:\素材\exam\exam_1\Test\03"文件夹中建立一个新文件 C. txt。

(4) 将"D:\素材\exam\exam_1\Test"下的文件 noname.xlsx 复制到"D:\素材\exam\exam_1\Test\01"文件夹中，并将文件夹改名为 season.xlsx。

(5) 将"D:\素材\exam\exam_1\Test"下的文件 CC.bmp 移动到"D:\素材\exam\exam_1\Test\02"文件夹中。

2. 上网题

(1) 打开中国天气网，网址为 http://www.weather.com.cn/，选择网页上的 3 张图片保存到"D:\素材\exam\exam_1"文件夹中，图片分别命名为"picture01.jpg""picture02.jpg""picture03.jpg"。

(2) 辅导员给班长发一个开班会的通知邮件并抄送给班主任王某某，具体内容如下：

【收件人】test1@163.com

【抄送】wang@163.com

【主题】班会通知

【邮件内容】"某某同学，兹定于本周三下午 14：00 在 S109 教室召开班会，请通知全班同学及时参加。"

3. Word 2016 操作题

打开文档"D:\素材\exam\exam_1\word_1.docx"，按下列要求完成操作并保存。

(1) 将标题段("一带一路"深层含义)创建"自定义样式 1"样式，设置文字格式为小三，黑体，居中。段前、段后间距为 2 行，行距为 20 磅，设置文字效果格式，文本填充选择渐变填充(预设渐变/浅色渐变-个性色 2，类型线性，方向线性向下，角度 70°)，文本阴影效果(预设为外部，偏移为中，颜色为蓝色标准色)。

(2) 将正文(第一段至第六段)的段落设置为左、右各缩进 0.5 字符，段后间距为 0.5 行，首行缩进 2 字符，1.25 倍距；设置正文第一段的文本边框为实线，颜色为"红色，个性色 2，淡色 40%"，宽度为 0.75 磅；将正文第六段分为等宽两栏，栏间距 3 字符；设置页边距为上、下各 2.5 厘米，左、右各 3 厘米，装订线位于左侧 2 厘米，页眉、页脚各距边界 1.5 厘米，每页 40 行，每行 35 个文字。

(3) 按以下内容设置文档属性：标题为"一带一路"，主题为"国家级顶层合作倡议"；为该文档插入内置"边线型"封面，封面文档标题即为该文档标题，封面文档副标题为该文档主题；日期为"今日"。设置页面颜色为"深蓝，文字 2，淡色 80%"；设置"D:\素材\exam\exam_1\一带一路.jpg"图片为文档加图片水印，缩放 50%，冲蚀。

(4) 使光标位于第七段文本("一带一路沿线部分国家相关资料(2016)")前，插入下一页分节符；插入页眉，设置第一节页眉为"'一带一路'深层含义"，第二节页眉为"相关

资料"；将文中最后 5 行文字转换为 5 行 5 列的表格，用内置样式"网格表 4：着色 2"修饰表格，设置表格中所有单元格水平、垂直居中。

(5) 设置表格列宽为 3 厘米，行高为 0.8 厘米，设置表格单元格的上边距为 0.1 厘米，下边距为 0.4 厘米；按主要关键字"GDP 产值(亿/美元)"，依据"数字"类型降序排序；设置表标题("一带一路沿线部分国家相关资料(2016)")格式：小三号，加粗，仿宋，居中。设置文字效果格式为"发光：5 磅，红色，主题色 2，透明度 70%"；选取表格标题，为表格标题加上尾注，尾注内容为"数据来源：百度文库"。

4. Excel 2016 操作题

打开"D:\素材\exam\exam_1"文件夹下的电子表格 excel_1.xlsx，按下列要求完成对此电子表格的操作并保存。

(1) 将 Sheet1 工作表的 A1:G1 单元格区域合并为一个单元格，内容水平居中；用 SUM 函数计算各人应发工资(岗位工资、绩效工资、满勤奖之和)，置于 G3:G11；用 COUNTIF 函数计算不同职称人数(副教授、讲师、助教)，置于 J3:J5；用 AVERAGEIF 函数计算不同职称的平均应发工资，保留小数点后两位，置于 K3:K5；利用条件格式对 J3:K5 单元格区域设置"绿-黄-红色阶"。

(2) 按以下要求绘制组合图：选中 I2:K5 单元格区域建立组合图，以"平均应发工资"为主坐标，图表类型为"簇状柱形图"；"人数"为次坐标，图表类型为"折线图"；图表标题为"教师工资统计"，显示"数据标签"；将组合图插入 I6:M20 区域，将 Sheet1 工作表改名为"高校教师工资表"。

(3) 选择 Sheet2 工作表，按以下要求建立数据透视表：行为"日期"，列为"商品名称"，值为"数量"，值汇总方式为"求和"，数据透视表置于 G2:L8 单元格区域，将 Sheet2 工作表改名为"电器销售情况表"，保存为 excel.xlsx 文件。

5. PowerPoint 2016 操作题

打开"D:\素材\exam\exam_1\"下的 ppt_1.pptx，按照下列要求完成对此文稿的修饰并保存。

(1) 为整个演示文稿应用"回顾"主题；设置幻灯片的大小为宽屏(16：9)；设置放映方式为"观众自行浏览(窗口)"。

(2) 为第 1 张幻灯片添加副标题"2021"，设置字体为黑体，字体大小为 40 磅字；将主标题的文字大小设置为 54 磅，加粗，设置文字颜色为红色(RGB 颜色模式：红色 255，绿色 0，蓝色 0)。

(3) 在第 6 张幻灯片后面加入一张版式为"两栏内容"的幻灯片，标题是"毕业生规模分析"，在左侧栏中插入一个 6 行 3 列的表格，内容如下表所示。

年　份	毕业生规模/万人	毕业生增长率
2016	765	2.1%
2017	795	3.9%
2018	820	3.1%
2019	834	1.7%
2020	874	4.8%

将表格中所有文字大小设置为 14 磅，设置表格样式为"中度样式 2-强调 2"，所有单元格对齐方式为垂直居中。

(4) 在第 7 张幻灯片中，根据左侧表中"年份"和"毕业生增长率"两列的内容，在右侧栏中插入一个三维饼图。图表标题为"毕业生增长率"，图表标签显示"类别名称"和"值"，设置图表样式为"样式 7"，显示图例在顶部，设置图表高度为 12 厘米，宽度为 14 厘米。

(5) 将第 2 张幻灯片的文本框的文字转换成 Smart 图形"垂直项目符号列表"，并且为每个项目添加相应幻灯片的超链接。

(6) 将第 4 张幻灯片中的"宏观发展环境"和"微观发展环境"这两项内容的列表级别提高一个等级(即增大缩进级别)；为第 5 张幻灯片中的内容区文本"拓宽服务的广度"和"深耕服务的深度"设置"进入"动画的"弹跳"，持续 2 s，延时 0.5 s；为第 6 张幻灯片的表格设置"进入"动画的"劈裂"，效果选项为"左右向中间收缩"。

(7) 将最后一张幻灯片的背景设置为预设颜色的"顶部聚光灯-个性色 2"；在幻灯片中插入样式为"填充-橙色，着色 2，轮廓-着色 2"的艺术字，艺术字的文字为"谢谢查看！"，设置艺术字的文本填充为纹理"水滴"，为艺术字设置"进入"动画的"曲线向上"，效果选项为"整批发送"；为标题设置"强调"动画的"基本缩放"，效果选项为"轻微缩小"，持续时间为 2 s，动画顺序是先标题后艺术字。

(8) 设置全体幻灯片切换方式为页面卷曲，每张幻灯片的切换时间是 3 s。

模 拟 题 2

一、选择题

1. 现代微型计算机所采用的电子元器件是(　　)。

A. 电子管　　　　　　　　　　B. 中小规模集成电路

C. 晶体管　　　　　　　　　　D. 大规模、超大规模集成电路

2. 最早计算机的用途是(　　)。

A. 科学计算　　　B. 自动控制　　　C. 系统仿真　　　D. 辅助设计

3. 下列 4 个无符号十进制整数中，能用 8 个二进制位表示的是(　　)。

A. 257　　　　　B. 201　　　　　C. 313　　　　　D. 296

4. 无符号二进制数 1000010 转换成十进制数是(　　)。

A. 62　　　　　B. 64　　　　　C. 66　　　　　D. 68

5. 国标码是用两个字节来表示一个汉字，每个字节使用了(　　)位。

A. 5　　　　　B. 6　　　　　C. 7　　　　　D. 8

6. 内存储器 RAM 的功能是(　　)。

A. 可随意地读出和写入　　　　B. 只读出、不写入

C. 不能读出和写入　　　　　　D. 只能写入、不能读出

7. 以下程序设计语言中，低级语言是(   )。

A. Python 语言
B. Visual Basic 语言
C. 80x86 汇编语言
D. C 语言

8. 下列叙述中正确的是(   )。

A. 计算机硬件由外存和 I/O 设备组成

B. 硬盘是内存储器

C. CPU 的核心是控制器和运算器

D. 计算机系统由系统软件和应用软件组成

9. 微机销售广告中，"P4 2.4G/256M、80G"中的"2.4G"表示的是(   )。

A. CPU 的时钟主频为 2.4 GHz

B. CPU 与内存间的数据交换速率是 2.4 Gb/s

C. CPU 为 Pentium4 的 2.4 代

D. CPU 的内存为 2.4 G

10. 以下选项中，(   )是可执行文件类型。

A. .txt   B. .exe   C. .png   D. .docx

11. 操作系统的主要作用不包括(   )。

A. 提高系统资源的利用率

B. 提供方便友好的用户界面

C. 预防和消除计算机病毒的侵害

D. 提供软件的开发和运行环境

12. 在 Word 的【页面设置】中，不能设置(   )。

A. 纸张的大小
B. 每页的行数
C. 页边距
D. 插入图片一律居中

13. 在 Excel 中如需把数字作为文本输入，如输入学号 1503202009，正确的输入方式为(   )。

A. '1503202009
B. 1503202009
C. "1503202009"
D. //1503202009

14. 在 PowerPoint 2016 中，如果想修改母版，可以使用(   )选项卡的【幻灯片母版】命令。

A. 【文件】   B. 【视图】   C. 【插入】   D. 【格式】

15. 计算机网络最突出的优点是(   )。

A. 精度高   B. 共享资源   C. 容量大   D. 运算速度快

16. 计算机感染病毒的可能途径之一是(   )。

A. 从键盘输入数据

B. 随意运行外来的且未经杀毒软件严格审查的 U 盘上的软件

C. 所使用的光盘表面不清洁

D. 电源不稳定

17. 计算机网络是计算机技术和(   )。

A. 信息技术的结合　　　　　　　B. 通信技术的结合

C. 自动化技术的结合　　　　　　D. 电缆等传输技术的结合

18. 按以下配置进行音频采集，质量最高的是(　　)。

A. 21 kHz、8 位、双声道　　　　B. 42 kHz、8 位、单声道

C. 21 kHz、16 位、单声道　　　　D. 42 kHz、16 位、双声道

19. 一幅分辨率为 512 × 512 的 16 色静态图像，其容量大小为(　　)。

A. 512 KB　　　B. 256 KB　　　C. 32 KB　　　　D. 128 KB

20. Access 是一种(　　)。

A. 面向对象数据库　　　　　　　B. 数据库系统

C. 数据库管理系统　　　　　　　D. 数据库应用系统

二、操作题

1. Windows 操作题

(1) 将"D:\素材\exam\exam_2\Test\t01"文件夹中的文件 AA.txt 设置为隐藏属性。

(2) 将"D:\素材\exam\exam_2\Test\t02"文件夹中的文件 BB.bmp 删除。

(3) 在"D:\素材\exam\exam_2\Test\t03"文件夹中建立一个新文件 CC.docx。

(4) 将"D:\素材\exam\exam_2\Test"下的文件 1.jpg 复制到"D:\素材\exam\exam_2\Test\t01"文件夹中，并将文件夹改名为 sun.bmp。

(5) 将"D:\素材\exam\exam_2\Test"下的文件 koko.pptx 移动到"D:\素材\exam\exam_2\Test\t02"文件夹中。

2. 上网题

(1) 打开中国科技网，网址为 http://www.stdaily.com/，将网站首页面另存到"D:\素材\exam\exam_2"文件夹中，文件名为"中国科技网"，保存类型为"网页，仅 HTML(*.htm; *.html)"。

(2) 向同事张某某发送一个邮件，并选择"D:\素材\exam\exam_2"文件夹中的图片"风景.jpg"作为附件一起发出，具体内容如下：

【收件人】zhangf@163.com

【主题】风景照

【邮件内容】"张先生您好，近期去厦门旅游了，现在把旅游时的照片发给您，请欣赏。"

3. Word 2016 操作题

打开文档"D:\素材\exam\exam_2\word_2.docx"，按下列要求完成操作并保存。

(1) 将标题段(人工智能)创建"样式 1"样式，设置文字格式为小二，楷体，居中，并添加着重号，字符间距加宽 2 磅。段前、段后间距为 1.5 行。选择文本边框为渐变线("顶部聚光灯-个性色 2")，类型为矩形，方向为从中心。

(2) 将正文(除标题外)所有段落段前、段后间距设置为 1 行，首行缩进 2 字符，1.5 倍行距；设置正文中的中文字体为宋体，西文字体为 Arial，并将英文字母都改为大写；设置正文第一段文本填充为渐变填充(预设渐变：中等渐变-个性色 4)，类型为射线，方向为从

"右下角"。

(3) 设置页边距为上、下各 3 厘米，左、右各 3.2 厘米，装订线位于左侧 2.3 厘米，页眉、页脚各距边界 1.75 厘米，每页 39 行，每行 32 个文字；按以下内容设置文档属性：标题为"人工智能"，主题为"计算机科学"；为该文档插入内置"丝状"型封面，封面文档标题即为该文档标题，封面文档副标题为该文档主题，日期为"2021-5-20"。

(4) 添加"人工智能"文字水印，设置文字字体为宋体，字号为 80，颜色为"蓝色，标准色"，半透明，版式为斜式；使光标位于文档末尾，插入下一页分节符；插入页眉，设置奇数页页眉为该文档主题，偶数页页眉为该文档标题，封面不设置页眉。

(5) 在文章末尾插入一个 9 行 8 列的表格，合并第 1 行的第 1～3 列单元格，合并第 2 行的 3～6 列及第 3 行的 3～6 列。删除第 6～9 行单元格。设置表格样式：为表格第 1 行添加"蓝色，个性色 1，淡色 40%"底纹，并设置表格外框线为 1.5 磅深蓝色单实线，表格内框线为 1 磅紫色虚实线；设置表格中所有单元格水平、垂直居中；设置表格单元格的上、下边距各为 0.2 厘米、左、右边距各为 0.15 厘米；设置第 5 行底纹图案为浅色竖线，颜色为"橄榄色，个性色 3，淡色 40%"。

(6) 在页面底端插入"普通数字 2"样式页码，设置页码编号格式为"-1-、-2-、-3-"。封面不设置页码。

4. Excel 2016 操作题

打开"D:\素材\exam\exam_2"文件夹下的电子表格 excel_2.xlsx，按下列要求完成对此电子表格的操作并保存。

(1) 将 Sheet1 工作表的 A1:F1 单元格区域合并为一个单元格，内容水平居中；计算各办公用品使用量的同比增量(2021 年 4 月使用量 – 2020 年 4 月使用量)，置于 D3:D8 单元格区域；计算各办公用品使用量的同比增速(同比增速 = (2021 年 4 月使用量 – 2020 年 4 月使用量)/2020 年 4 月使用量)，百分比型，保留小数点后 1 位，置于 E3:E8 单元格区域；用 IF 函数填写"增速分类"，同比增速大于 15%的填"较快"，大于 0%的填"增加"，小于 0%的填"减少"；对 E3:E8 单元格区域使用条件格式，大于 15%的单元格设置为"浅红填充色深红文本"。

(2) 按以下要求绘制组合图：选取 Sheet1 工作表中的"物品名称""2021 年 4 月份""同比增速"建立组合图，以"2021 年 4 月份"为主坐标，图表类型为簇状柱形图，以"同比增速"为次坐标，图表类型为折线图。图表标题为"办公用品支出统计"，显示"数据标签"，将组合图插入 B10:C23 单元格区域，将 Sheet1 工作表改名为"办公用品支出情况表"。

(3) 选择 Sheet2 工作表，用 AVERAGEIF 函数计算职称为"讲师"的平均应发工资，置于 H3 单元格；对数据清单进行筛选，筛选条件是："职称"为"助教"且"应发工资"高于讲师平均应发工资，将 Sheet2 工作表命名为"教师应发工资统计表"，保存为 excel_2.xlsx 文件。

5. PowerPoint 2016 操作题

新建演示文稿，按照下列要求制作演示文稿后，将该演示文稿保存在 "D:\素材\exam\exam_2\"中，文件名保存为"ppt_2.pptx"。

(1) 新建演示文稿共计 6 张幻灯片。为整个演示文稿应用"柏林"主题，颜色为蓝色Ⅱ；除了第 1 张幻灯片外，为其他幻灯片设置页脚"2016 年奥运会"，并且设置页脚文字字体颜色为红色(标准色)，文字样式为文字阴影，字号为 14；放映方式为"观众自行浏览(窗口)"。

(2) 设置第 1 张幻灯片版式为"标题幻灯片"，主标题为"2016 年里约热内卢奥运会"，副标题为"第 31 届夏季奥林匹克运动会"；设置主标题字体为微软雅黑，文字大小为 50，字体颜色为"深红，个性色 2，深色 25%"；设置副标题字体为楷体，文字大小为 32。

(3) 设置第 3 张幻灯片版式为"两栏内容"，标题为"奥运会概述"，将"D:\素材\exam\exam_2"文件夹下的图片文件"icon.jpg"插入第 3 张幻灯片的右侧内容区，图片样式为"映像右透视"，图片效果为"映像/紧密映像，4pt 偏移量"，图片动画的进入方式为"陀螺飞入"，开始为"上一动画之后"；将"D:\素材\exam\exam_2"文件夹中的 SC.docx 文档中的相应文本插入到左侧内容区，设置文本大小为 24 磅，1.5 倍行距，设置文本动画为"进入/棋盘"，开始为"与上一动画同时"；动画顺序是先文本，后图片。

(4) 设置第 4 张幻灯片版式为"两栏内容"，标题为"口号"，将"D:\素材\exam\exam_2"文件夹下 SC.docx 文档中的相应文本插入左侧内容区；将"D:\素材\exam\exam_2"文件夹下的图片文件"口号.jpg"插入右侧内容区；设置图片的高度为 8 厘米，锁定纵横比；图片在幻灯片上的水平位置为 17 厘米，从"左上角"，垂直位置为 6.5 厘米，从"左上角"；设置图片样式为金属框架，图片动画为"进入/十字型扩展"，效果为切出，开始为"上一动画之后"，延迟 1 s，标题的动画为"进入/形状"，效果选项的方向为圆形，开始为"与上一动画同时"，持续 1 s，延迟 0.5 s；设置内容文本的动画为"进入/缩放"，效果选项中的序列为"整批发送"，开始为"单击时"，动画顺序是先标题，后内容文本，最后是图片。

(5) 设置第 5 张幻灯片版式为"比较"，标题为"会徽和吉祥物"，左侧副标题为"会徽"，将"D:\素材\exam\exam_2"文件夹下的 SC.docx 文档的相应文本插入左侧内容区，并将左侧内容区的动画设置为"进入/浮入"，效果选项为上浮，开始为"上一动画之后"；右侧副标题为"吉祥物"，将"D:\素材\exam\exam_2"文件夹中的 SC.docx 文档的相应文本插入右侧内容区，并将右侧内容区的动画设置为"进入/盒状"，效果选项的方向为切出，开始为"单击时"。

(6) 设置第 6 张幻灯片版式为"标题和内容"，标题为"中国获得奖牌统计"，将"D:\素材\exam\exam_2"文件夹中的 SC.DOCX 文档的相应文本插入到内容区，设置内容文本的动画为"进入/楔入"；标题的动画为"进入/基本缩放"，效果选项为切出，开始为"上一动画之后"，持续 1 s，延迟 0.5 s；动画顺序是先标题，后文本。

(7) 设置第 2 张幻灯片版式为"标题和内容"，标题为"目录"，内容区的内容为第 3 张到第 6 张幻灯片的标题，并且设置每一个内容超链接到相应的幻灯片；

(8) 设置第 1、3、5 张幻灯片切换方式为蜂巢，第 2、4、6 张幻灯片切换方式为百叶窗，效果选项为水平。

模 拟 题 3

一、选择题

1. 目前我们使用的计算机是( )。

A. 电子数字计算机   B. 混合计算机

C. 模拟计算机   D. 特殊计算机

2. 会计电算化属于计算机应用中的( )。

A. 科学计算   B. 数据处理

C. 人工智能   D. 实时控制

3. 假设某台式计算机的内存储器容量为 128 MB,硬盘容量为 10 GB,硬盘的容量是内存容量的( )。

A. 100 倍   B. 40 倍   C. 80 倍   D. 60 倍

4. 如果在一个非零无符号二进制整数之后添加一个 0,则此数是原来的( )。

A. 1/2   B. 2 倍   C. 1/10   D. 10 倍

5. 一个汉字的机内码与它的国标码之间的差是( )。

A. 2020H   B. 4040H   C. 8080H   D. AOAOH

6. 下面( )设备依次为:输出设备、存储设备、输入设备

A. CRT、CPU、ROM   B. 绘图仪、键盘、光盘

C. 绘图仪、光盘、鼠标器   D. 磁盘、打印机、激光打印机

7. 字长是 CPU 的主要性能指标之一,它表示( )。

A. CPU 一次能处理二进制数据的位数

B. CPU 最长的十进制整数的位数

C. CPU 最大的有效数字位数

D. CPU 计算结果的有效数字长度

8. 应用软件是指( )。

A. 所有能够使用的软件

B. 能被各应用单位共同使用的某种软件

C. 所有微机上都能使用的基本软件

D. 专门为某一应用目的而编制的软件

9. 用来存储当前正在运行的应用程序及相应数据的存储器是( )。

A. CD-ROM   B. 硬盘

C. 内存   D. U 盘

10. 在 Windows 中,"回收站"是( )。

A. 硬盘上的一块区域   B. 软盘上的一块区域

C. 内存的一块区域   D. 高速缓存中的一块区域

11. 下列文件名中,Windows 文件名非法的是( )。

A. My computer   B. 关于改进服务的报告

C. *帮助信息*　　　　　　　　　　　D. student.dbf

12. 在 Word 中，如果已有页眉，再次进入页眉区只需双击(　　) 即可。

A. 工具栏　　　　B. 菜单栏　　　　C. 文本区　　　　D. 页眉和页脚区

13. 在 Excel 中，某个单元格中输入"=IF(2>1,2,1)"，显示为(　　)。

A. =IF(2>1,2,1)　　B. 2>1　　　　C. 2　　　　　　D. 1

14. 演示文稿中的每一张演示的单页称为(　　)，它是演示文稿的核心。

A. 母版　　　　　B. 横版　　　　C. 版式　　　　D. 幻灯片

15. 在计算机网络中，常用的传输介质中传输速率最快的是(　　)。

A. 双绞线　　　　B. 同轴电缆　　　C. 电话线　　　D. 光纤

16. 防火墙是指(　　)。

A. 一个特定硬件　　　　　　　　　B. 一个特定软件

C. 执行访问控制策略的一组系统　　D. 一批硬件的总称

17. 目前广泛使用的 Internet，其前身可追溯到(　　)。

A. NOVELL　　　B. CHNANET　　C. ARPANET　　D. DECNET

18. 以下属于多媒体计算机图像输入设备的是(　　)。

A. 摄像机　　　　B. 视频采集卡　　C. 声卡　　　　D. 扫描仪

19. 固定时长的一首乐曲，要使得其占用存储空间最小，应保存为(　　)格式。

A. WAV　　　　　B. MP3　　　　C. WMA　　　　D. MIDI

20. 常见的数据库模型有(　　)三种。

A. 网状、关系和语义　　　　　　　B. 环状、层次和关系

C. 字段名、字段类型和记录　　　　D. 层次、关系和网状

二、操作题

1. Windows 操作题

(1) 将"D:\素材\exam\exam_3\Test\d01"文件夹中的文件 ms.txt 设置为只读、隐藏属性。

(2) 将"D:\素材\exam\exam_3\Test\d02"文件夹中的 Test 文件夹删除。

(3) 在"D:\素材\exam\exam_3\Test\d03"文件夹中建立一个新文件夹 CC。

(4) 将"D:\素材\exam\exam_3\Test"下的文件 English.docx 复制到"D:\素材\exam\exam_3\Test\d01"文件夹中，并将文件夹改名为 Math.docx。

(5) 将"D:\素材\exam\exam_3\Test"下的文件 report.xlsx 移动到"D:\素材\exam\exam_3\Test\d02"文件夹中。

2. 上网题

(1) 打开中国新闻网，网址为 http://www.chinanews.com/，在收藏夹中新建文件夹，名字为"时政新闻"，并将中国新闻网添加到该收藏夹。

(2) 向 wangli@126.com 发送邮件，并抄送 jxms@126.com，邮件内容为"王老师：根据学校要求，请按照附件表格要求统计学院教师任课信息，并于 3 日内返回，谢谢!"，同时将文件"统计.xlsx"作为附件一并发送，将收件人 wangli@126.com 保存至通讯簿，联系人"姓名"栏填写"王丽"。

3. Word 2016 操作题

打开文档"D：\素材\exam\exam_3\word_3.docx"，按要求完成下列操作并保存。

(1) 将标题"无氧运动的好处"设置为艺术字，样式选"填充：红色，主题色 2"；边框为"红色，主题色 2"，形状效果为"阴影：偏移右上"；文本效果为"发光：8 磅；橄榄色，主题色 3"；位置为顶端居中，四周型文字环绕。

(2) 将正文(除标题外)所有行距设置为 1.25 倍，字符间距加宽 1.2 磅；利用替换功能将正文中所有的"五羊"替换成"无氧"，设置为"橄榄色，个性色 3，淡色 40%"，加着重号；将正文第一段(1.降低骨质疏松的风险)设置底纹图案样式为浅色下斜线，颜色为绿色(自定义 RGB(0，255，0))(作用于文字)，更改项目符号(项目符号字符路径为"D：\素材\exam\exam_3\pic1.jpg")，并利用格式刷将第三段(2.提高身体免疫力)、第五段(3.降低了疾病死亡的风险)和第七段(4.锻炼肌肉)也设置成该样式。

(3) 添加"无氧运动的好处"文字水印，设置文字字体为华文中宋，字号为 48，颜色为"绿色，标准色"，半透明，版式为斜式；设置正文第二段、第四段文本首行缩进 2 字符，左侧、右侧各缩进 1 字符；设置第六段首字下沉 2 行；将第八段分为等宽的两栏，栏间加分隔线，间距 2 字符。

(4) 设置页边距为上、下各 2.5 厘米，左、右各 3 厘米，装订线位于上侧 2 厘米，页眉、页脚各距边界 1.6 厘米；按以下内容设置文档属性：标题为"无氧运动"，主题为"健康生活"；为第八段最后一句文本("无氧运动是一种锻炼肌肉让身体变得更强壮的运动方式。")加超链接，链接地址为"D:\素材\exam\exam_3\无氧运动的项目.docx"。

(5) 使光标位于文档末尾，插入下一页分节符；在第二页插入"D：\素材\exam\exam_3\pic2.jpg"，设置图片大小缩放，高度 80%，宽度 70%，文字环绕为紧密型环绕，艺术效果为胶片颗粒；设置图片顶端居中，四周型文字环绕；在页面顶端插入"空白"型页眉，页眉内容为该文档主题；在页面底端插入"X/Y 型，加粗显示的数字 2"页码。

4. Excel 2016 操作题

打开"D:\素材\exam\exam_1"文件夹下的电子表格 excel_3.xlsx，按下列要求完成对此电子表格的操作并保存。

(1) 选取 Sheet1 工作表，将 A1:I1 单元格区域合并为一个单元格，文字居中对齐；利用 VLOOKUP 函数，根据"班级信息表"工作表中信息填写 Sheet1 工作表中的"班级"和"性别"列内容；利用公式计算"总成绩"(总成绩＝理论成绩×30%＋实验成绩×40%＋评委打分×30%)；利用 RANK 函数对各同学的总成绩进行排名，填入"排名"列；利用 COUNTIFS 函数分别计算参加竞赛的三个班的男女生人数，分别置于 L5:N6 单元格区域，利用条件格式对 L5:N6 设置"绿-白色阶"。

(2) 选取 Sheet1 工作表的 K4:N6 单元格区域建立堆积柱形图，增加"数据标签"，利用图标样式"样式 2"修饰图表，设定"男生"的"设置数据系统格式|图案填充"为"对角线：浅色下对角"，设定"女生"的"设置数据系统格式|图案填充"为"点线：20%"，将图插入当前工作表的 C16:H28 单元格区域，将工作表命名为"参加竞赛学生情况统计表"。

(3) 选取"某年部分省份网上零售统计表",对工作表内数据清单内容按主要关键字"增长%"进行降序排序,并对排序结果进行筛选,筛选条件为"增长%"大于 30%,且"网上零售额(亿元)"高于 1500 亿元。保存 excel.xls 工作簿。

5. PowerPoint 2016 操作题

打开"D:\素材\exam\exam_3"文件夹下的演示文稿 ppt_3.pptx,按照下列要求完成对文稿的修饰并保存。

(1) 设置幻灯片大小为全屏显示(16:9);为整个演示文稿应用"平面"主题,颜色为蓝色,放映方式为"观众自行浏览(窗口)";

(2) 在第 1 张幻灯片前插入一张版式为"标题幻灯片"的幻灯片,主标题为"人工智能简介",副标题为"AI 未来已来";设置主标题字体为隶书,72 磅;设置副标题的文字格式为楷体,加粗,36 磅;为副标题设置"进入/飞入"的动画效果,效果选项为自右侧。

(3) 将第 2 张幻灯片的版式修改为"两栏内容",将"D:\素材\exam\exam_3"下的图片文件 ai1.jpg 插入幻灯片右侧的内容区,设置图片尺寸,高度为 9 厘米,锁定纵横比,设置图片位置为水平 15 厘米,垂直 6 厘米,均为自"左上角";并为图片设置动画效果"进入/缩放",效果选项为幻灯片中心。

(4) 设置第 3 张幻灯片的版式为"内容和标题"。在左侧标题下方的文本框中输入文字"AI 时代的春天已然到来",设置字体为隶书,24 磅;将内容区的文字转换成版式为"分段循环"的 SmartArt 对象,并设置样式为三维/优雅,设置 SmartArt 图形的动画效果为"进入/向内溶解",效果选项为逐个。

(5) 将第 4 张幻灯片的版式修改为"两栏内容",将"D:\素材\exam\exam_3"文件夹下的图片文件 ai2.jpg 插入幻灯片右侧的内容区,图片样式为"棱台亚光,白色",图片效果为"发光/蓝色,11pt 发光,个性色 6",设置图片动画为"进入/伸展",效果选项为自左侧,图片动画开始为"上一动画之后";设置左侧内容文本动画为"强调/陀螺旋",设置标题动画为"进入/棋盘",效果选项为跨越;动画顺序是先标题,再内容文本,后图片。

(6) 设置第 5 张幻灯片的版式为"标题和内容",将内容区的文字转换成版式为"棱锥型列表"的 SmartArt 对象,并设置样式为三维/金属场景,设置 SmartArt 图形的动画效果为"进入/缩放",效果选项为幻灯片中心;设置标题动画为"进入/劈裂",效果选项为中央向左右展开,动画开始为"上一动画同时";动画顺序是先标题,后图形。

(7) 设置第 1、3、5 张幻灯片切换效果为推进,效果选项为自左侧;设置第 2、4 张幻灯片切换效果为棋盘,效果选项为自顶部。

附录B　参考答案

习题参考答案

第1章习题参考答案

1～5：ACDBD	6～10：DBBCC	11～15：AACCC	16～20：CDBAD
21～25：ACBBA	26～30：DCCBA	31～35：BABBA	36～40：BCCBD
41～45：BBCBC	46～50：BDBAB	51～55：BCABC	56～60：BDACA
61～65：ACBCA	66～70：CCDBB	71～75：BCBDD	76～80：ADBBA
81～85：CCDBD	86～90：CDAAD	91～95：BDACC	

第2章选择题参考答案

1～5：　BDCAB	6～10：BABAC
11～15：BCADC	16～20：BDBAC
21～25：BDDAA	26～30：DABCA
31～34：ADAB	

第3章选择题参考答案

1～5：ACDBB	6～10：BBDCC
11～15：BADCA	16～20：BAADC
21～25：AADAB	26～30：ABADB
31～35：CBCBA	36～40：ACACB
41～45：CAACB	46～50：DDDDA

第4章选择题参考答案

1～5：BDAAA	6～10：ACBCD	11～15：CBBAD
16～20：BACDD	21～23：ACC	

第5章选择题参考答案

1～5：DCCBA	6～10：DCACD	11～15：CACCA	16～20：CCBAB
21～25：BDBCD	26～30：CDCDA	31～35：DDBCA	36～40：ACAAB
41～45：AADCC	46～50：BCDCB	51～54：AADC	

第6章选择题参考答案

1～5：DABAC	6～10：DCABC	11～15：ADCAC	16～20：ADCBB
21～25：CDBBB	26～30：ABBCD	31～35：DDDBA	36～40：ABBAD

41~45：CCAAC　　46~47：CC

第 7 章习题参考答案

1~5：DCADC　　6~10：BDDDC　　11~15：ACCDD　　16~20：DDCDD

第 8 章习题参考答案

1~5：CCDDD　　6~10：BBADA　　11~15：ADDBC　　16~20：BABAB

21~25：ABDAC

模拟题参考答案

模拟题 1 选择题参考答案

1~5：BBCCA　　　　6~10：CDBAD

11~15：BADAD　　　16~20：ACDAD

模拟题 2 选择题参考答案

1~5：DABCC　　　　6~10：ACCAB

11~15：CDABB　　　16~20：BBDDC

模拟题 3 选择题参考答案

1~5：ABCBC　　　　6~10：CADCC

11~15：CDCDD　　　16~20：CCDCD